地下城数学王国
历险记

地下河道里的怪邻居

纸上魔方 著

吉林出版集团股份有限公司丨全国百佳图书出版单位

图书在版编目（CIP）数据

地下河道里的怪邻居 / 纸上魔方著. — 长春 : 吉林出版集团
股份有限公司，2015.8（2024.4重印）
（地下城数学王国历险记）
ISBN 978-7-5534-4011-8

Ⅰ.①小… Ⅱ.①纸… Ⅲ.①数学－少儿读物
Ⅳ.①O1-49

中国版本图书馆CIP数据核字(2014)第035824号

地下城数学王国历险记

地下河道里的怪邻居 DIXIA HEDAO LI DE GUAI LINJU

著　　者：纸上魔方
出版策划：崔文辉
责任编辑：王　妍
出　　版：吉林出版集团股份有限公司（www. jlpg. cn）
　　　　　　（长春市福祉大路5788号，邮政编码：130118）
发　　行：吉林出版集团译文图书经营有限公司
　　　　　　（http : //shop34896900. taobao. com）
电　　话：总编办 0431-81629909　　营销部 0431-81629880/81629881
印　　刷：唐山玺鸣印务有限公司
开　　本：720mm×1000mm　1/16
印　　张：9
字　　数：100千字
版　　次：2015年8月第1版
印　　次：2024年4月第23次印刷
书　　号：ISBN 978-7-5534-4011-8
定　　价：39.90元
印装错误请与承印厂联系　　电话：13691178300

主人公介绍

母猫美娜

猫王波奥

公猫迪克

地下城猫王国

公猫伯爵

母猫妮娜

猞猁虫虫

猞猁瑞森

猞猁王莫多

猞猁弗伦

托博

老寿星

布鲁

穿山甲国

媚媚

杰伦克

飞蛾黛拉

鼠小弟洛洛

小青虫苏珊

人面蛾

树上的城堡

大青虫

大盗飞天鼠

海盗桑德拉

海盗军师

海盗卡门

海盗王

海盗们

海盗菲尔

老海盗王

地洞里的动物们

蝲蝲蛄马克

蚰蜒爷爷

蚯蚓大叔

蝲蝲蛄大婶

蜈蚣普里

蚯蚓艾比

目录

CONTENTS

螨虫雷尔的秘密

螨虫雷尔最爱跳，地下城众多古老的建筑没有它跳不上去的。它跳到猫城堡最顶端的瞭望塔，发现了一个秘密。

这个秘密让它吃不香，睡不着，连说话也变得有气无力。

"雷尔，你藏了什么心事？"蜈蚣普里既吃惊又害怕，它从未见过雷尔这样无精打采。

"猫城堡的瞭望塔底藏着怪物。"雷尔拖着脚步，走到窗口，朝远处的猫城堡望去，"我是第一个发现它的人。它说，谁第一个发现它，就必须放出它。要不然，三天后必死无疑。"

普里吓坏了，它的眼睛眨了又眨，觉得雷尔并不像在撒谎。

"今天已经是第二天了。"雷尔抽噎着。

"你确定塔底真的有怪物？长什么样？"普里又问。

"长角，大肚子，有无数条腿。"雷尔说，"还长着两个脑袋和两条大舌头。"

普里吓得直发抖："只要你不再去猫城堡，它就拿你没办法。"

雷尔连连摇头，满脸泪水："它的预言即将被证实——我会浑身奇痒难忍，慢慢腐烂，变成一摊水。"

普里早就发现了，自从昨晚归来，雷尔总是不停地在墙上蹭来蹭去，脱落的表皮像雪花一样四处飞舞。

它们马上去找百脚虫狄西卡。

狄西卡可不想失去雷尔，它鼓足勇气，带领两个伙伴赶到猫城堡的瞭望塔，朝里面一瞧，果然，在一扇巨大的绿色三角门上，映出一个两头怪兽的影子。

它发现了雷尔、普里和狄西卡，大吼大叫，浑身发抖。

"放我出去，不然，你们三个必死无疑。"这个声音苍老而又沙哑。

"可是，你得告诉我，怎么把门打开？"狄西卡镇静地说。

"仔细瞧，秘密全在门上。"这个怪物变得更高更大，嗓音也更粗更急切。

狄西卡盯着门，不禁吓得退后一步。门上居然有许多三角形。

这扇由四个小三角形组成的门，每一个小三角形每隔一秒钟就闪烁一次。

狄西卡轻轻触摸三角门，它像冰一样坚硬和寒冷。

"没有门把手。"狄西卡只能用力推门。

门上产生一股强大的电流，把它击倒在地。

"笨蛋。"里面的声音吼道，"必须用智慧，才能开启大门。"

普里早就注意到三角形是闪烁的："我认为，机关在它的

闪动上。"

雷尔不停地搔痒，这会儿，它实在忍受不住，身体贴在门上蹭了起来。它的身体随着每一个小三角形的闪烁而移动，居然没被电击到。

就在普里迷惑不解地盯着它时，雷尔突然被一道白色的闪电击倒在地。

"我知道了。"狄西卡自信地说，"你们仔细观察一下。这个图形里，一共有几个三角形？"

"这还不明显吗？"雷尔说，"上面有序号的呀，一共是4个三角形。"

"不，好像不对……"普里左看右看，说，"里面是有4个小

三角形，但是再加上外面这个大三角形，一共是5个三角形！"

"说得对！"狄西卡大叫了一声，"刚才我看出来一个规律：雷尔在碰触每一个闪烁的小三角形时，是不会触电的；但是当这个大三角形开始闪烁时，雷尔的身体只能碰触到两个小三角形，于是就会触电。也就是说，当大三角形闪烁时，必须把它的面积全部占满，才不会触电。"

"可是，小三角形的话，我们都能占满；但大三角形，我们的身体不够长，怎么可能占满呢？"雷尔犯了愁。

"要是单个儿看来，我们的身体是不够长。可是我们一共有3个呀！人多力量大，我们3个一起上的话，就不用担心了。"狄西卡指着那个图形，"我来围起1号三角形，雷尔2号，普里3号。这样，我们三个又同时围起了4号。我们就一起占满了整个大三角形！"

商量妥当之后，它们3个聚精会神地盯着绿色的三角门。等4个小三角形一起闪烁的时候，它们一起冲了上去，把身体贴在分配好的三角形上。

奇迹出现了，三角门中间的小三角形门居然开了。

不过，令它们吃惊的是，出来的并不是妖怪，而是偷盗高手白眉黄鼠狼与狐狸默默。原来，它们溜到猫城堡偷东西，把烟囱误认为是藏宝室，闯了进来，在里面装神弄鬼，欺骗了雷尔。而雷尔之所以浑身发痒，是烟灰飘到身上的缘故。

天鹅小姐的学徒

　　青蛙丽莎与青蛙蔓达正蹲在地下河的入口处晒太阳，一阵哭泣声引起它们的注意。仔细一瞧，原来是青蛙吉莉在哭。

　　"我太笨了，连衣服样子都剪不了。"吉莉边抹眼泪边说道，"把天鹅小姐气得直头痛，大嚷让我走得越远越好。"

　　原来，吉莉最近找到一份好工作，给服装设计师天鹅小姐当助手。丽莎与蔓达本以为它会做得很出色，却没想到，它刚工作第一天就被赶了回来。

　　"我不认为世界上有哪一个助手会比你出色。"丽莎气愤地

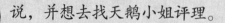

说，并想去找天鹅小姐评理。

"不怪它。"吉莉的脸色像天上的乌云一样难看，"我分不清圆形和三角形，而剪裁衣服样子，却少不了这些知识。"

丽莎与蔓达面面相觑，它们懂的并不比吉莉多。

"妈妈们，别难过，我们刚学到这一课。"放学归来的34只小青蛙游到三姐妹身边。

"我们来画图，教妈妈们学知识。"小青蛙安塔飞快地拿出纸和笔。

"我画一只小鸡。"小青蛙安塔说。

"我画一棵树。"小青蛙杰克蹦蹦又跳跳。

一阵手忙脚乱，小青蛙们的图画好了。

安塔画了一只小鸡。

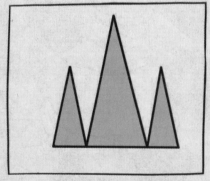

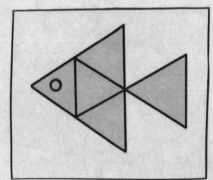

杰克画了一棵松树。

费克画了一座大山。

艾琳画了一条小鱼。

"妈妈，妈妈，你别急，只要用心来学习。"安塔指着小鸡，"脑袋圆圆，眼睛圆圆，肚子也圆圆，还拖着圆圆的小尾巴。嘴巴尖尖，翅膀尖尖，双脚也尖尖。三角形尖又尖，圆形圆又圆。"

三只青蛙妈妈齐点头。

"圆的是圆形。"丽莎叫。

"尖的是三角形。"蔓达说。

吉莉拍手叫："我全都学会啦。"

安塔摇摇头："谁能说出有多少个圆形，多少个三角形，谁才是最棒的学生。"

青蛙三姐妹连忙数。

"小鸡小鸡真奇妙，身上长了4个圆。"蔓达摇头又晃脑。

"小鸡小鸡真稀奇，身上还有5个三角形。"丽莎说。

34只小青蛙齐拍手，连叫妈妈们真是好学生。

杰克拿出它的松树："现在还要教新知识——长方形，不仅长，四四方方像院墙。"

"我知道了，"吉莉指着松树的树干，"一定是这个。"

小青蛙们齐点头。

"这棵松树不一般。"吉莉手指着画中的树，"里面藏着1个长方形和3个三角形。"

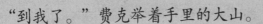

"到我了。"费克举着手里的大山。

丽莎跳到大山前:"古老的大山山连山,大山生小山。一共3座山。"

小青蛙都夸妈妈们真聪明。

艾琳急忙忙挤到最前面:"我还有一条鱼。"

蔓达缓步走到艾琳身边:"鱼儿是青蛙的好朋友,形影不离。它的眼睛大又亮,它的鳞片光滑又闪亮。如果我没说错,它身上的鳞片是5个三角形,圆圆的眼睛是1个圆形,尾巴也是三角形。"

34只小青蛙手拉手,骄傲地说自己教得真不错,妈妈们全都学会了。

第二天一大早,吉莉就赶到天鹅小姐的服装店,它的进步有目共睹,又成了天鹅小姐的得力助手。

虫虫游乐园里的刁蛮游客

　　鼠老板科恩的虫虫游乐园已经接连3次接到举报，它气急败坏地叫来蝗虫鲍勃和蜈蚣贝亚。

　　"说说，怎么回事？"科恩大吼。

　　"是人面蛾、大青虫、小青虫苏珊和飞蛾黛拉。"贝亚吓得浑身发抖，"真是怪，只要它们坐到跷跷板上，跷跷板就失灵了，不上也不下，好像被施了魔法。"

　　科恩连忙赶到跷跷板前，正看到大青虫与人面蛾安安稳稳地坐在地上，飞蛾黛拉与小青虫苏珊焦急地晃在半空。

　　"我上不去。"人面蛾对科恩吼叫，"我们就是奔着这个玩具来的，把门票钱退给我。"

　　"我头晕又口渴，再这样下去，非晕倒不可。"飞蛾黛拉抽泣着，浑身打战。

　　大青虫每次想下来，小青虫苏珊都在空中抖一抖。大青虫害怕伤到妹妹，只好坐在跷跷板上，火气也更大了："信不信？我吐出丝来，把虫虫游乐园变成幽灵的游乐园？"

　　科恩被骂得晕头转向，它转回身，怒气冲冲地告诉它的员工，如果想不到好办法，它们将马上被解雇。

　　贝亚连忙安慰4个游客，但它们根本不听它的话，吵声快把虫虫游乐园吼塌了。

邦妮为它们端来饮料，全被扔到地上。

鲍勃实在看不下去："我认为，这根本不是我们的错。而是你们的脑瓜笨。"

大青虫与小青虫苏珊停止叫骂。人面蛾与飞蛾黛拉也不再叫嚷，它们愣住了，还从未有谁敢这样说它们。

人面蛾想扑到鲍勃身上，被飞蛾黛拉拦住。

"我也觉得很可疑。"飞蛾黛拉说，"因为刚才我们眼睁睁地看着跷跷板在别的游客身下一上一下。"

"可是轮到我们，它却不动了。"小青虫苏珊也满腹疑惑。

鲍勃摇摇头，说："你们这么喜欢玩跷跷板，但是，你们知道跷跷板的原理吗？"

"跷跷板就是一种玩具而已，还有什么原理呀？"大青虫撇了撇嘴。

"没有知识的人，连玩具都不会玩。"鲍勃不客气地回了它一句。

飞蛾黛拉拦住了正要发火的大青虫，很有礼貌地向鲍勃弯了一下腰，说："那您能不能跟我们说一说跷跷板的原理呢？"

"跷跷板实际上是利用了杠杆原理，跷跷板的两端就等同于杠杆的两端，当两个体重接近的人坐在跷跷板的两端时，跷跷板处于平衡状态，而有一方稍微使力气蹬地，跷跷板两端受力大小发生变化，于是就可以上上下下来回摆动了。你和小青虫体重太轻，而大青虫和人面蛾体重太重。当跷跷板两端重量相差过多，重的一端怎么也'跷'不起来了，所以就玩不成啊！"听了鲍勃的解释，在场的人都"哦"了一声，恍然大悟。

"我懂了。来，苏珊，咱们两个玩一个跷跷板，让大青虫和人面蛾玩一个跷跷板。这样我们就能玩得起来啦。"飞蛾黛拉一下子就领悟了鲍勃的话，自信地分配起来。

果然，换了游戏搭档之后，两个跷跷板上坐的都是重量相近的小伙伴。只要它们双脚蹬地，跷跷板就自由地上上下下。这四个小伙伴玩得非常开心，一直到虫虫游乐园关门才走，还特意给游乐园写了一封表扬信。

猫王国的马戏团

马戏团来到地下城的猫王国，这让大公猫迪克和它的伙伴们兴奋极了。

"我猜马戏团的大车里面装着非洲的狮子、亚马孙的森蚺。"迪克把鼻子凑到汽车的门上，闻到一股发霉的气味让它激动得跳起来，"一定是一只很老很老的动物。"

"我倒认为，也许是某个沼泽地里的怪兽。"大公猫伯爵说，"或者是森林里的幽灵。"

霸王猫的鼻子最好使，它闻了闻，摇摇尾巴："我只闻到一股霉味。"

马戏团的苍蝇团长很快就卖掉了一百张门票。夜晚到来，它不允许马戏表演场地外面点灯，舞台的幕布后面只闪烁着几点微光。

"这是一个非常古老的魔术。"苍蝇团长神秘兮兮地转回身，挥起手中的魔术棒。

灰色的幕布后面，立即现出4个婀娜的身影。

"这是4只神秘的动物。"苍蝇团长说着，一抖魔术棒。

4个身影翩翩起舞，又突然一动不动。

团长发给每位观众一张纸说："请你们折出这4只动物的形状，再说出它们都是什么动物。如果回答正确，那么，你们将有机会一睹它们的真面目。"

没等观众开始动手，苍蝇团长说："但如果回答错误，那么抱歉，想要看它们，还得多加一个金币。"

"骗钱的把戏。"霸王猫吼道，"瞧着，我一口吞掉它。"

伯爵按住霸王猫："我们买票来看马戏表演，是自己情愿的。而且，这个魔术也很有意思。不如试着折折看。"

迪克早就开始手忙脚乱地折纸，同时，台下响起一片窸窸窣窣的折

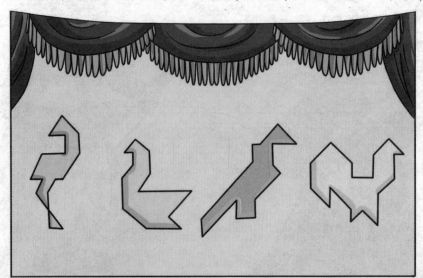

纸声。

"看似简单，但折的时候还真不容易啊！"迪克苦思冥想。

伯爵思索了一会儿，慢慢地说："这些图形让我想起了一种玩具，叫'七巧板'。"

母猫美娜一听到玩具两个字就竖起了耳朵，凑过来问："这是什么玩具？好玩吗？"

"七巧板是一种古老的玩具，由七块板组成。这七块板的形状分别是：一块正方形；五块等腰直角三角形——其中有两个小一点的三角形，一个中等的三角形，两个大三角形；还有一块平行四边形。"伯爵详细地给大家讲着，"据说，很多图形都可以用七巧板拼出来。一副七巧板，虽然只有七块板子，却能拼出1600多个图形呢！"

"你这么一说，我倒是觉得这几个图形有点儿像用七巧板拼出来的……"美娜端详着那几个图形。

"对哦，第一个图形，可以分解成5个三角形，1个正方形和1个平行四边形。"迪克比画着，大家都点点头，"用一副七巧板正好可以拼出来。"

"第二个图形也是。"美娜说着拿出笔，用几个三角形和四边形拼画出了第二个图形。

霸王猫看着觉得好玩，也比画了一下，把第三个图形也分解成三角形和四边形，很顺利地拼了出来。

伯爵笑着，轻松地拼出了第四个图形。

把原本复杂的图形分解开来，简单几步就完成了。伯爵立刻喊出了这几个图形代表的动物："是仙鹤、天鹅、孔雀和鸡！"

苍蝇团长敬佩地朝伯爵看了一眼，然后摘掉礼帽，朝台下彬彬有礼地鞠了一躬，说："完全正确！谢谢大家跟我们的互动！下面，就请欣赏我们的表演！"

团长话音刚落，舞台上立刻金光四射，4只动物翩然出现，为观众们献上了一出精彩的节目。最后，团长还从帽子里变出来很多彩虹糖，让观众们大吃起来。直到马戏表演结束，迪克还意犹未尽。它嚼着糖，大喊着明天还要来。

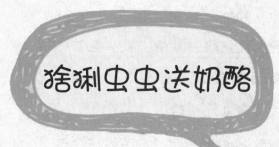

猞猁虫虫送奶酪

"你必须还我丢失的奶酪。"下下城的蟒蛇多宝对猞猁虫虫叫道，"我要你运送的奶酪绝对不是这个数量。"

"可是，那是多少呢？"虫虫浑身发抖，它吓坏了，多宝的吼叫意味着，它十分不满意自己的运送工作，很可能一个金币都不付。

地下城里所有的猞猁正是依靠为其他动物运送各种物品而生存下去。虫虫被派到很远的食品交易市场，为多宝取一批奶酪。本以为工作会顺利完成，可是到达下下城多宝的住处，才知

道弄丢了许多奶酪。

虫虫想数数奶酪的数量，被多宝拦住。

"猞猁的嘴最馋，为了弄到食物，可是什么事都能干得出来。"多宝阴森森地叫道。

"不！我只是想数一下奶酪的数量。"虫虫说，"而那些丢失的奶酪根本就不是被我吃掉的。"

多宝眯起眼睛，朝后一闪，打开装奶酪的箱子。

虫虫只看了一眼，多宝就关上了箱子。

"限你在一天之内，把那些丢失的奶酪找回来。"多宝说，"要不然，我会给猞猁王莫多写信，让它好好惩治你。"

虫虫拖着脚步离开了下下城，这件事压得它喘不过气，眼泪不停地滚落下来。

"是谁欺负你了？"侦探总管瑞森发现了虫虫的不寻常。

虫虫只好把这件事说出来。

"我从来都不认为你会偷吃客户的东西。"瑞森在原地走来走去，突然眼前一亮，"为什么不画出一张图？"

"你画出那些奶酪的排列模样，也许我们就可以知道箱子里还剩多少个。"

说行动就行动，虫虫立即画出一幅图。

"现在，我们就数一数，一共有多少块奶酪。"瑞森说。

它把这个艰巨的任务交给虫虫。

虫虫数了又数："我想是8个。"

"你真是一只聪明的猞猁。"瑞森朝虫虫投来钦佩的一瞥，随即微笑起来，"不过，你很可能漏掉了1个。"

惊讶中，虫虫瞪大眼睛。

"最初一看，好像是8个。"瑞森说，"可是，你没有注意吗？在这堆奶酪的拐角处，虽然只能看到一个，可是按理说，它的下面如果不压着一个的话，它是不会安安稳稳地待在顶上的。"

"天哪，我知道了。"虫虫叫道，"一定是9个。"

瑞森朝虫虫竖起大拇指。

虫虫的情绪并没有因此而好转，反而流出眼泪："这准没错了，我要送的一共是10个，可是现在剩下9个。"

两只猞猁讨论了半天，也没有什么结果，只好去找多宝。

"我来赔那一块奶酪的钱。"瑞森对多宝说。

令它们没想到的是，一向冷漠的多宝居然展露出迷人的微笑："我在搬运奶酪的时候发现，店里的老板确实只送了9个。因为最近奶酪又涨价了。但这事伙计并不知道，所以才引发这场误会。"

多宝不仅支付了所有的运费，还送给诚实的虫虫一块大奶酪。虫虫马上把奶酪搬运到猞猁城，与瑞森和众多的猞猁一起分享美味。

果子狸姐妹的游戏

下下城里，一年一度的隆冬时节到了，虽然穿山甲们衣食无忧，却怎么也高兴不起来。因为整个冬天实在太无聊了。

"我该给表妹海娜写封信。"穿山甲王托博拿起笔，"把它从草原之乡叫来，这样，我们就不会那么孤单了。"

托博寄出信，很快，果子狸们全来了。

海娜不仅带来了许多草原的美味，还带来了有趣的游戏："这个游戏是狐狸们教我的。"

在海娜的要求下，托博马上找来4把椅子。

海娜坐到1号位置上，碧娜坐到2号位置上，托博坐到3号位置上，海娜的弟弟坐到4号位置上。

"现在，我要宣布游戏规则了。"海娜说道，"第一次我们上下两排交换。"

穿山甲与果子狸做了交换。

"第二次是在第一次交换后左右两列交换。"海娜说。

穿山甲托博再次与果子狸交换位置。

"第三次再上下两排交换。"海娜说。

它们又交换了位置。

"现在，第四次再左右两列交换。"海娜说。

穿山甲与果子狸交换过后，托博说："我明白了，就是这样一直交换下去吗？真是个有趣的游戏。"

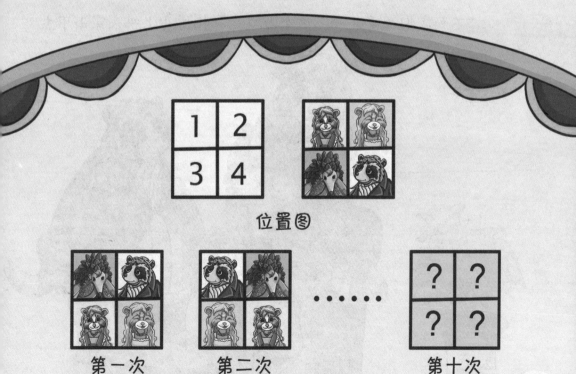

位置图

第一次   第二次   ……   第十次

　　"不只是这样。"碧娜摇摇头，"有趣的还在后面呢。"

　　穿山甲与果子狸们就这样按照顺序，一直交换了10次。第十次，海娜蒙上了托博的眼睛。

　　"现在才刚开始？"托博激动得浑身发抖。

　　"不许偷看。"海娜叫道，"现在告诉我，你是在第几号位置上？"

　　"我早就晕头转向了。"托博开始求饶。

　　令它没想到的是，表妹们生气了。它们拿着椅子回到自己的卧室，大叫表哥一丁点儿也不尊重它们的游戏。

　　托博很是苦恼，想马上回答问题。可是，由于表妹拿走了椅子，它根本不记得自己最后换到了哪一号椅子上。

　　它日思夜想，无心睡觉，连眼睛都熬肿了。这一熬，还真有了主意。

　　"不如我们再重复一下这个游戏。"托博马上叫来穿山甲杰

伦克与媚媚，又叫来小糊涂，它们又把游戏做了一遍。

"先看看你是经过几次交换，又回到自己原本的位置上的。"小糊涂想出个好主意。

"我最开始是坐在3号位置上。第一次是上下两排交换，我就到了1号位置；然后是左右两列交换，我又到了2号位置；接下来又是上下两排交换，我到了4号位置；再然后又是左右两列交换……我回到了3号位置。"托博恍然大悟，"我明白了，经过了4次交换，我就回到了自己的位置上！"

"太厉害了！"杰伦克它们一起欢呼起来。"接下来就好想啦，第四次的时候，你是到了自己的位置上；接下来又换了4次，也就是到第八次，你又回到了自己的位置。然后，再经过2次，也就是第十次，想想你会在哪个位置上？"

"2号位置！"托博立刻就答对了，大家都兴奋地鼓起掌来。

托博跑到表妹的卧室，说出了正确答案，果子狸姐妹高兴地笑了起来。

艾比与马克
拜访虫幽灵

　　蟋蟀蛄马克和蚯蚓艾比准备去虫幽灵家里做客，还为它带去了美味的面包。

　　但在选择交通工具上，它们遇到了麻烦。

　　租车行的臭鼬格潘先生摇摇头："虫幽灵狡猾无比，它们会抢走我的车的。"

　　"它们是最好的幽灵。"马克叫道，"从来也没拿过别人的东西。"

不管它们怎么说，格潘先生都只是摇头："我不能冒这个险，只能把你们送到森林边沿，之后你们自己走着去吧。"

"如果这样，我就会误了种子店里的工作。"艾比很是着急。

格潘先生不让步："那我也没有办法。"

看着艾比与马克十分难过，格潘先生改变了自己的想法："听好了，告诉我，如果用汽车送你们，最快多久可以回到这里。要知道，下午我还要接送一位神秘的客人。"

艾比与马克破涕为笑，可是在计算时间上，它们又遇到了难题。

"去年，格潘先生送过我们。"艾比说，"去的时候坐车，回来步行，一共用了80分钟。"

"前年，我们是步行往返的。"马克说，"因为那时候我们没有钱，可有的是时间，往返一共用了100分钟。"

"我认为，只需要这些就足够了。"在一旁倾听的格潘先生说，"现在告诉我，汽车往返需要多少分钟？"

两个伙伴盯着格潘先生，急得手心里冒出汗珠。

"真是头痛。"马克叫道，"去年我们只有一半的路程坐过汽车，根本无法计算出来。"

"我认为也许有希望。"艾比思考着，突然叫道，"你想想，如果我们步行单程需要多少时间呢？"

马克一脸狐疑，它不明白为什么艾比提这么简单的问题："步行往返需要100分钟，单程就是100÷2，也就是50分钟了。"

"你说得没错。"艾比说，"去年我们去的时候坐车，回来步行，一共用了80分钟。如果算出单程，就是80-50，也就是30分钟了。"

马克点点头，继续盯着艾比。

它从艾比的眼睛中看出，答案马上就要揭晓了。

"如果这样，就好算了。"艾比说，"80分钟减去50分钟的步行时间，剩下的就是坐车的时间。单程是30分钟，往返就是30×2，也就是60分钟了。"

马克高兴极了，一下子扑到艾比身上。

"嗯，既然只耽误60分钟的时间，我就送你们一趟。不过，我一到森林就返回来。"格潘先生一本正经地说，"如果被虫幽灵吃掉，就是你们的不幸了。"

汽车上路了，把艾比和马克送到目的地后，格潘先生果然像逃命似的驶向地下城。

艾比和马克见到虫幽灵，受到了热情的接待。整个地下城，也只有它们最清楚，虫幽灵可是最忠诚的好朋友。只是，为了隐藏自己的弱点，它们常常变换身体的颜色，看起来好像真的是可怕的怪物一样。

猞猁王的难题

"瞧瞧你们的落魄样儿，你们真是我见过的最沮丧的猫。"老猫罗浮不满地撇着嘴，盯着荣耀石下众多的猫。

猫王国里的猫全出动了，只为伯爵与猞猁王莫多打的一个赌。

伯爵说猫最有智慧，莫多说猞猁的智慧无与伦比。两个家伙差点儿打起来。

最后，莫多出了一个难题："猞猁王国里的猞猁数量众多，如果2只2只地数，最后还剩下1只猞猁。那么你知道猞猁的总数是奇数还是偶数吗？"

伯爵满口承诺说自己知道，并谎称肚子饿，要先回猫王国吃点儿东西，再宣布答案。

回到猫王国，它几乎问了所有的猫，没有一只猫能给它一个满意的答案。

"不，猞猁的数量太多。"母猫伊薇说，"你根本不可能知道猞猁的数量是奇数，还是偶数。"

"我不知道。"母猫蕾特摇摇头，"那么多的猞猁，只要藏起一只两只，我们是不会发现的。"

"你真傻。"霸王猫说，"莫多一定是认准了你会输，才出这个难题的。"

　　为了弄清楚这件事情，伯爵召集了众多的猫来到荣耀石，连猫王波奥也来了。

　　波奥为伯爵感到难过，它也不想让伯爵失去荣誉，就请来老猫罗浮。

　　"傻孩子。"罗浮眨眨眼，"你们为什么要数猞猁的数量呢？其实这个问题很简单。"

　　罗浮活了几十岁，它见证过猫城的荣辱兴衰，参加过许多大大小小的战役，更见识过猫的祖先铠甲勇士，所以最有发言权。

　　众多的猫俯首帖耳，纷纷要罗浮说清楚。

"2只2只地数，最后剩下1只。"老猫罗浮眨眨眼，"这1只是奇数，还是偶数？"

"奇数。"众多的猫叫道。

罗浮昂起脑袋，两只眼睛仿佛夜空最亮的明星："偶数加偶数等于什么？"

"当然是偶数。"急性子的霸王猫叫道。

大公猫和小母猫们的喉咙咕咕作响，全都在猜测罗浮到底想说什么。

"那么，问题的关键来了。"罗浮睁大眼睛问道："偶数加奇数等于什么呢？"

"偶数加奇数，只能等于奇数。"伯爵没有说完，就激动地

跳起来，"罗浮，真有你的。难题解开了。"

伯爵连连朝后退去，发疯一般地朝猞猁王国跑去，推开卫兵，直闯进莫多的宫殿里，并上前紧紧地拉住莫多的手。

"我能感受到你的友谊。"伯爵的眼睛里闪动着泪花，"你并没有故意捉弄我，也没为难我。其实这个问题很简单，最后余下的是1，1是奇数，前面点过数的全是偶数，奇数加偶数，永远等于奇数。"

它深深地吸了一口气，热切地迎着莫多的目光说："所以，猞猁的总数是奇数。"

莫多也非常大度，为了庆祝伯爵识破了这道难题的奥秘，特意举办了一场盛大的宴会，不仅有伯爵，它还邀请了众多的猫，一直欢腾了几天几夜。

药铺店里的竹节虫

"如果再晚一分钟，海盗豚鼠桑德拉就有生命危险。"

蚯蚓艾比与蝲蝲蛄马克路过蝲蝲蛄大婶的药铺，听到里面传出大婶的哀求声。

它们好奇地走进去，看到蝲蝲蛄大婶正趴在药铺里众多装药的小抽屉上，好像在对一个看不见的家伙说话。

马克深深地吸了一口气："又是竹节虫在搞鬼。这间药铺是它卖给妈妈的，但只是让妈妈在这里给病人看病，这数不清的

装药抽屉还属于它自己。"

　　"你是说，大婶需要的药材，还得从竹节虫手里买？"艾比皱起眉头。

　　马克点点头。

　　蝲蝲蛄大婶急得抹眼泪，可是躲在抽屉里的竹节虫就是不把钥匙交出来。

　　"我一定要惩治它。"艾比刚说完，竹节虫就从抽屉里伸出了脑袋。

　　"你欠我6个金币了。"竹节虫对蝲蝲蛄大婶吼道，接着眼睛又转向艾比和马克，"小家伙们，你们有什么本事？让我见识见识！"

　　它刚说完话，整面墙壁上的抽屉从上到下按顺序闪烁起来。

　　当所有抽屉闪烁完，艾比叫道："一共60个。"

　　"你说得没错。"竹节虫眯起眼，又回头看了看马克。

　　马克看了一眼手表，连忙说："共用了6分钟。"

　　两个伙伴本以为，这下竹节虫没有了招数。却没想到，竹节虫抬起鼻子伸直腿，大声吼道："限你们1分钟之内告诉我，开启60个抽屉用了6分钟。那么，每分钟可以打开多少个抽屉？"

　　蝲蝲蛄大婶冷汗直流，浑身不停地哆嗦。

　　"妈妈，别着急，别难过。"马克拍拍妈妈的肩膀，安慰道，"艾比一定有办法。"

　　艾比握紧拳头，努力回想着蛐蜒爷爷教过的知识。

　　它眼前一亮："60个抽屉，需要6分钟才能全部打开。想要知道每分钟打开多少个抽屉，必须用除法算式解答。"

竹节虫催艾比赶快说。

"60÷6=10（个）。"艾比说，"每分钟可以打开10个抽屉。"

竹节虫虽然傲慢地昂着头，脚步却不那么得意了。

它无奈地点点头："你回答对了，但别高兴得太早。"

竹节虫摇头又摆脚："限你们3天内，把6个金币还给我。"

蝈蝈蛄大婶不敢耽误时间，连蹦带跳地拿着药往海盗船上跑。跑到船上，它连忙把药喂给生重病的桑德拉。

海盗桑德拉得救了，为了感谢蝈蝈蛄大婶，它不仅支付了一大笔金币，还特意从竹节虫那里把60个抽屉也全部买下了。

这下，蝈蝈蛄大婶可以无忧无虑地救治病人，不用再担心无法找到中药熬汤了，马克与艾比高兴得蹦蹦又跳跳。

鼹鼠城堡前的不老树

　　地下城里，宏伟的鼹鼠城堡建好了，但鼹鼠克蒂斯与墨镜鼹鼠总感觉少了点儿什么。

　　看到城堡外光秃秃的荒地，它们恍然大悟。

　　"如果在城堡通向猫王国与猞猁王国的荒地上，修建一条宽阔的街道，再在街道两旁种上不老树，就会吸引许多动物在林间散步，不会像现在这样看起来荒凉又冷清了。"克蒂斯说。

"这真是一个好主意。"墨镜鼹鼠马上行动起来。

形影不离的鼹鼠克蒂斯与墨镜鼹鼠立即开始修路。

路修好后，鼹鼠布兰奇与蒂丝也过来帮忙。它们特意闯进黑森林，寻到了不老树的种子。

克蒂斯与墨镜鼹鼠刚要挖坑播种，被布兰奇拦住。

"你们还没有测量过呢。"布兰奇说，"不老树会长得比大象还要大，如果距离太近，它们互相拥挤，会每天抱怨不停的。"

"如果距离太远，"蒂丝说，"那街道两侧就显得光秃秃的了。"

"你们说得对。"克蒂斯找来一把尺子，开始测量。

"一共是25米。"克蒂斯测量完后说道。

"我认为，每5米种一棵不老树最好。"墨镜鼹鼠出主意。

布兰奇与蒂丝拍手叫好，它们认为，这样的距离种出的不老树，枝叶间一定密不透风，而树干间又有彼此的空间。

"可是，要种多少粒种子呢？"布兰奇皱起眉头。

"25米，每隔5米种一粒。"蒂丝有点儿沮丧，"也许我们的种子不够。"

墨镜鼹鼠用尺子不停地在手上比画，试图算出一共需要多少粒种子，而克蒂斯已经开始行动了。

它每隔5米，做一个记号，一直忙碌了一整个上午。

中午，正当布兰奇与蒂丝为它们来送午餐时，克蒂斯跳起来："我已经知道一共需要多少粒种子了。"

墨镜鼹鼠计算了一整个上午，都没有一丁点儿结果。

它盯着克蒂斯，有点儿不敢相信。

"瞧。"克蒂斯指着地，"每隔5米种一粒，一上午，我把25米的街道每隔5米都做了记号。一共做了5个记号。"

"这么说，25米的街道需要5粒种子？"墨镜鼹鼠叫道。

"不。"克蒂斯摇摇头，"需要6粒。"

看着布兰奇与蒂丝皱起眉头，克蒂斯解释说："我是做了5个记号，但最开始的起点还没有算呢。加上起点，一共是6粒。"

"哦，这个算式可以写成：需要的种子数=（路长÷树间距）+1，也就是说，我们现在需要的种子数=（25÷5）+1=6（粒）。"

墨镜鼹鼠拿了一根树枝，在地上写写画画的。

　　"算得很对，不过，最终的结果还要乘以2才行。"克蒂斯笑嘻嘻地说，"因为，路的两侧都要种树，刚才我们算的只是路的一侧需要的种子数。"

　　"我懂了。那我们一共需要6×2＝12（粒）种子。"墨镜鼹鼠一下子就得出了结果。

　　它与蒂丝开始数种子的粒数。

　　它们惊喜地发现，手中的种子正好是12粒。

　　鼹鼠们立即行动起来，把所有的种子都种到了土坑里。通过鼹鼠们的辛勤呵护，不老树生根发芽，很快便茁壮成长起来，使鼹鼠城堡更加巍峨壮观，吸引了地下城里许多好奇的动物。

废墟里的蜘蛛巫

在种子店里，蚯蚓艾比四处寻找它的伙伴鼻涕虫。

"鼻涕虫，你在哪里？"艾比呼唤着。

种子店里静得没有一丁点儿声音。艾比跑到种子店后的废墟里，再次呼喊鼻涕虫。

这一次，它在废墟里听到了回音。

但仔细一听，艾比惊喜地发现，这回音居然是鼻涕虫的。

艾比轻手轻脚地在废墟里行走着，一边儿走一边儿喊："我听到你的声音了。"

一阵瓮声瓮气的回音又传来，艾比站着不动，聚精会神地听。

这一听，艾比有了新发现。

它急忙忙跑到废墟的古井旁，探头往里瞧，果真看到了在井底的鼻涕虫。

"你怎么跑到这里了？"艾比吃惊地问。

"不是跑，是掉进来的。"鼻涕虫抽动着鼻子，说了实话，"刚才你出去送货，我关店门，突然闻到一阵香味儿。我顺着香味儿走，就走到古井旁，在井里看到了一块大奶酪。"

艾比仔细往井里瞧了又瞧："怎么可能，这可是废弃的枯井。"

"可是，当时我确实看到了。"鼻涕虫呜呜地哭起来，"我知道，一定是被蜘蛛巫欺骗了。到了夜晚它就会出现，把我吞掉。"

艾比可是听说过蜘蛛巫。传说，这片废墟就是蜘蛛巫的城堡。由于它专做恶事，城堡被猫祖先铠甲勇士推倒，它就被魔法控制在了古井里。

"赶快往上爬。"艾比叫道，"趁夜晚到来前，我们逃走。"

"不可能。"鼻涕虫垂头丧气，"我不知试过多少遍了，井壁上生着湿滑的苔藓，我每往上爬4米，都要下滑2米。"

艾比十分焦急，它特意找来绳子，当绳子的一端到达井底，它要鼻涕虫爬上来。

"我身上太滑，根本抓不住绳子。"鼻涕虫试过后摇摇头。

艾比没有灰心和气馁，它把投到井里的绳子拎上来，用店里的尺子测量了一下。

艾比飞快地又跑到古井："这口井深12米。"

"这么深，我又总是往下滑。"鼻涕虫伤心欲绝，"一定逃不出去。"

"别灰心。"艾比可不想失去这个好伙伴，"只要一直往上爬，就一定能逃出来。"

"你说的我当然知道。"鼻涕虫擦着鼻子，"可是时间来不及了。"

艾比看了一眼手表，还有5个小时就天黑了。

它的额头上滚下冷汗："你是否记得往上爬4米，用了多长时间？"

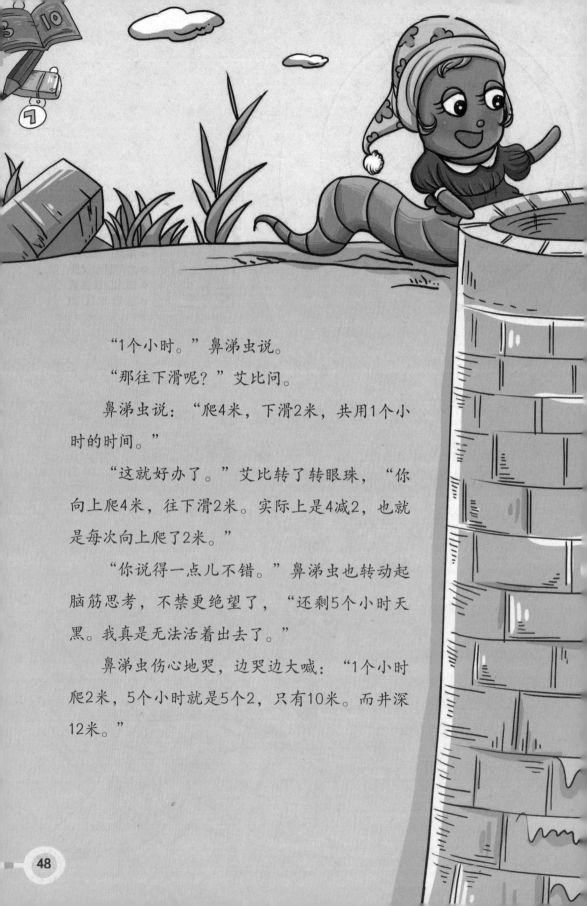

"1个小时。"鼻涕虫说。

"那往下滑呢？"艾比问。

鼻涕虫说："爬4米，下滑2米，共用1个小时的时间。"

"这就好办了。"艾比转了转眼珠，"你向上爬4米，往下滑2米。实际上是4减2，也就是每次向上爬了2米。"

"你说得一点儿不错。"鼻涕虫也转动起脑筋思考，不禁更绝望了，"还剩5个小时天黑。我真是无法活着出去了。"

鼻涕虫伤心地哭，边哭边大喊："1个小时爬2米，5个小时就是5个2，只有10米。而井深12米。"

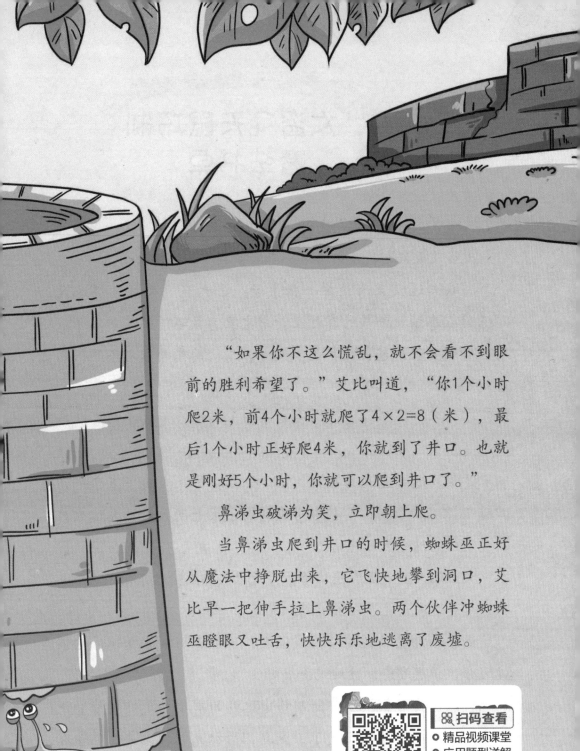

　　"如果你不这么慌乱，就不会看不到眼前的胜利希望了。"艾比叫道，"你1个小时爬2米，前4个小时就爬了4×2=8（米），最后1个小时正好爬4米，你就到了井口。也就是刚好5个小时，你就可以爬到井口了。"

　　鼻涕虫破涕为笑，立即朝上爬。

　　当鼻涕虫爬到井口的时候，蜘蛛巫正好从魔法中挣脱出来，它飞快地攀到洞口，艾比早一把伸手拉上鼻涕虫。两个伙伴冲蜘蛛巫瞪眼又吐舌，快快乐乐地逃离了废墟。

扫码查看

○ 精品视频课堂
○ 应用题型详解
○ 算术口诀集锦
○ 错题本工具

大盗飞天鼠巧制魔法书桌

大盗飞天鼠与鼠小弟洛洛一直渴望拥有一张魔法书桌。

"我知道哪里有这样一张桌子。"大盗飞天鼠憧憬地说，"它就摆在蚰蜒爷爷的客厅里。书桌里有数不清的笔和本子，还有各种精美的书包与文具盒。而且，里面的东西取之不尽，用之不竭。"

"你不会是想把它送给白鼠小姐茉莉吧？"鼠小弟洛洛猜测着准是这么回事。

"你真不愧是我的兄弟。"飞天鼠从吊床上跳下来，趴到窗口遥望维拉斯赌场，"住在那里的白鼠茉莉两天后就要过生日。我想送给它这个生日礼物。"

大盗飞天鼠最近弃恶从善，可是很久都没偷过东西了。

可是这次，为了白鼠茉莉，它想冒一次险。

鼠兄弟潜进蚰蜒爷爷的城堡里，不料正巧被它发现。它们羞愧万分，正想溜走，被蚰蜒爷爷叫住。

"只要有智慧，谁都能制作出这样的书桌。"蚰蜒爷爷说，"它已经有一百年的历史了，是我们的祖先制作出来的。现在，我还记得爷爷告诉过我的话。"

鼠兄弟请求蚰蜒爷爷告诉它们制作魔法书桌的方法。

"去黑森林，砍下一棵精灵树。"蚰蜒爷爷说，"把它制成书桌，就会拥有我这张桌子所拥有的所有魔法。"

鼠兄弟说行动就行动，赶到了黑森林。

可是，它们制作了一张书桌，却没有一丁点儿魔法。

它们去找蚰蜒爷爷。

"都怪我老糊涂。"蚰蜒爷爷边喝茶水，边说，"那棵精灵树，把它锯成每段4米的圆木，锯开一处需要5分钟，全部锯完花了15分钟。你们就按照这个长度去寻找。"

"可是，你并没告诉我们长度。"鼠小弟洛洛叫道。

"你们想要得到魔法桌，总该付出些努力。"蚰蜒爷爷打着哈欠，摇摇晃晃地睡着了。

"一定是它想考验我们。"飞天鼠跑进了黑森林，"我们一定能想到办法。"

"可是，如果找不到这样高的树，我们还制不成魔法书桌。"鼠小弟洛洛无精打采。

飞天鼠眨了眨眼睛："蚰蜒爷爷说过了，一棵树的树干要锯15分钟，而每锯断一段需要5分钟。你算一下，这棵树被锯成了几段？"

"我会算。15÷5=3（段）。"洛洛张口就说出了结果。

"哈哈，你算错啦。15÷5=3，只能说这棵树被锯了3次，但是，你画一下看看，3次是把树锯成了4段呀。"飞天鼠拿了一个树枝，在地上画出来给洛洛看。

　　洛洛明白了，3次果然是把树锯成了4段："那……爷爷还说，每段有4米。那么4段就是4×4=16（米）。哇，16米，有那么高的树吗？"

　　"这你就没见识了吧，精灵树的确能长到那么高。"

　　飞天鼠说得果然没错，它们的确找到了一棵16米高的精灵树。它们用这棵树制作出一张巨大的魔法书桌。在制作好的一刹那，它突然变小，变得精美无比，变成了白鼠茉莉最心爱的书桌。茉莉收到这个精美的礼物高兴极了，立即邀请鼠兄弟一起参加它的生日宴会。

小青虫苏珊的蓝莓

　　小青虫苏珊最近采摘了许多蓝莓，它用篮子装好，提到了地下城的食物交易市场。

　　在古老的地下城里，猫王国、猞猁王国和穿山甲国还保持着食物交换食物的风俗。

　　大公猫伯爵见到小青虫，很想捉弄它。

　　它大摇大摆地走到苏珊身边，扬言要一口吞掉它。

苏珊发着抖，眼泪不停地流："我把蓝莓送给你。"

这正合伯爵的意，它正要拎走蓝莓，被母猫美娜的叫声吓了一跳。

美娜跳到伯爵身边："如果拿不出什么东西交换，这里的蓝莓你一颗也不准碰。"

伯爵很害怕办事公正的美娜，它扔掉篮子："我当然有。"

"说说，都是些什么东西。"美娜根本不相信伯爵的话。

"我有美味的酥油。"伯爵一想到自己心爱的美味要落入苏珊的口袋里，不禁使劲儿地摇摇头。它决定要想一个好办法，让苏珊什么也换不到，而自己又可以得到蓝莓，"1斤酥油可以换1斤猫饼干，1斤猫饼干可以换5斤蓝莓。"

美娜点点头，伯爵说的还算公平。

"那么，30斤蓝莓能换多少斤酥油呢？"伯爵凶巴巴地问。

苏珊向后退去："我没有那么多蓝莓。"

"我当然知道你没有那么多。"伯爵眯起眼睛，"但你必须回答我这个问题。如果答对了，我就用那1斤美味的酥油，来换你这少得可怜的蓝莓。"

美娜可知道伯爵一向不讲人情，但也从来说话算话。

它安慰着苏珊："勇敢点儿，你能行。酥油可以做成美味的小馅饼。"

苏珊摇摇头，它吓得浑身发抖，根本无法算出这复杂的难题。

美娜打算提醒苏珊："1斤猫饼干，可以换5斤蓝莓。如果是30斤蓝莓，你认为可以换多少猫饼干呢？"

伯爵不停地恐吓苏珊。苏珊简直要逃走了，但发现美娜竟然这样帮助自己，它感激地点点头，挺起胸脯："5斤蓝莓等于1斤猫饼干。30斤蓝莓除以5，正好是6斤猫饼干。"

美娜拍拍苏珊的肩膀："你说得很对。"

."它还没说出，6斤猫饼干可以换多少酥油呢。"伯爵的底气没那么足了。

美娜看向苏珊。

苏珊走走又停停，突然兴奋地叫道："1斤酥油可以交换1斤猫饼干，它们的交换是相等的。那么，6斤猫饼干一定可以交换6斤酥油。"

伯爵立即像面条一样软下来。苏珊真是说得一点儿也不错。

但伯爵可不是撒泼耍滑的公猫，它立即取来1斤酥油，并把所有的蓝莓都送给了美娜。小青虫苏珊立即带着酥油离开了地下城，而美娜用蓝莓烤了许多蓝莓馅饼。

虽然馅饼里缺少酥油，伯爵还是吃得有滋有味，因为它可是一只从来也不记仇的大公猫。

吃鱼的门框

刺猬布鲁又犯了贪吃的老毛病。这一次，它偷偷地潜入了猫王国。

它穿过荣耀石，溜进猫王国，一头扎进了母猫妮娜的大厨房里。这里有数不清的美味，布鲁很快就把自己吃成了一个圆球。

当它想溜走的时候，惊恐地发现，由于自己吃得太胖，居然被门卡住了。

布鲁吓得浑身哆嗦，它知道，一旦被大公猫们发现自己偷吃

猫王国的东西，它们一定不会轻易罢休。

它不停地往门外挤，门框也被撞得晃晃悠悠。

但很快，布鲁发现门框之所以晃悠根本不是被自己撞的，而是它真的会动。

布鲁向后退去，浑身发抖。

门框膨胀得像柔软的面包，缓慢地晃动着："又来偷吃东西？"

"不。"布鲁抹掉嘴上的奶油，"我走错了路。"

门框一眼就识破了布鲁："还想溜走？"

"求你放了我。"布鲁呻吟着，恨不得变成虫子爬出去。

"地下城自古以来被猫王国统治，就是嘴馋的狐狸默默与白眉黄鼠狼，想要偷这个厨房里的东西，也要再三掂量。"门框发出阴沉的说话声。

"最后一次。"布鲁哀求着，"以后再也不来了。"

"而这一次，是你偷偷进来的第八次。"门框膨胀得更大，"我再也无法容忍你了。"

如果布鲁知道连猫王国的厨房里都有门幽灵，它是不会冒险到这里偷吃东西的。不过，布鲁一向为了吃，什么事情都敢做。

它抹了一把脑门上的冷汗，想把肚子里的食物吐出来，再逃走。

"你只要敢这么做，我就会叫来所有的猫。"门框冷冷地说。

布鲁害怕了，一屁股坐到地上。

"看到食物台上的鱼了吗？"门框冲布鲁瞪起眼睛。

布鲁看向食物台，上面摆着几十条鱼。

"这是为大公猫们准备的。"门框沙哑地，带着气愤的口吻说，"3只猫同时吃掉3条鱼用1分钟。那么，你知道10只猫同时吃掉10条鱼，需要多少分钟吗？"

布鲁连连摇头，它吓得连自己的脚趾头都数不清了。

"那你就把鱼拎到我面前，"门框的声音里充满了渴望，"我演示一下，你就知道了。"

布鲁拎起1条鱼，扔向门框。

鱼被一只木头手接住，门框还朝布鲁要："把其余的9条都拿过来。"

很快，10条鱼都到了门框不知从哪里冒出的10只手中。它晃动

身体，突然张开10张嘴，把10条鱼扔进嘴里。

1分钟后，嚅动着的嘴吐出10根鱼刺。

"一共用了1分钟。"布鲁的嘴巴到现在还无法闭上，"可是，明天大公猫们发现食物不见了，会发火的。"

"好朋友，赶快走，不然我可反悔了。"门框晃晃悠悠地吼，"谁也不会相信门框会吃东西。"

门框变大，布鲁轻松地逃了出去。

它逃出猫王国时，听到一段谈话。

霸王猫对公猫伯爵说："猫王国里有一个传说，厨房的门其实是贪吃鬼狐狸的祖先变的。它总是到猫王国偷东西，就被变成了门。这真是一个有意思的传说。"

布鲁只是没命地跑，它再也不想去可怕的猫王国厨房偷吃东西了。

果子狸的化装舞会

果子狸海娜与碧娜每年都会举办一场化装舞会，邀请表哥穿山甲王托博到这里做客。

托博赶到果子狸的草原之乡，发现被邀请的不只是自己，还有另外其他的客人。加上自己，一共是12位朋友。

海娜与碧娜把华美的衣服与奇异的道具都准备好了，但就在它们宣布化装舞会马上就要开始时，碧娜发现粗心的姐姐海娜居然连用餐的碗都没有准备好。

海娜急得要哭出来了："真糟糕！我们唱歌又跳舞，很快肚子就会咕咕叫。如果不吃点儿东西，还怎么继续玩猜谜游戏。"

果子狸两姐妹跑来又跑去，四处寻找碗，惊恐地发现，碗全都被送到消毒间里消毒去了。

"别急。"托博安慰两姐妹，"我的车上有一些碗。但不知你们一共需要多少只？"

碧娜："来吃晚餐的一共有12位客人。"

"那晚餐又是怎么安排的呢？"托博问。

"我和姐姐用我们自己的碗。客人们是每人一个饭碗，3个人合用一个菜碗，4个人合用一个汤碗。"碧娜回答。

它们三个一边儿说着话，一边儿走到托博的车边往下拿碗。结果海娜不小心，又摔碎了一只碗。她又是着急，又是懊恼，竟然呜呜地哭了起来。

"我是真的很想办好化装舞会。可是晚餐用的碗原本就不够，现在又摔碎了一只，这可怎么办呀！"海娜哭得很伤心。

"别哭呀，哭是解决不了问题的。我们先一起算出晚餐一共需要多少碗，就知道够不够了。"托博说。

"好的，我先说。"碧娜鼓励地挽起姐姐的手，"12位客人需要有12个饭碗。"

"我也来帮忙算。"海娜擦了擦眼泪，说，"3人合用一个菜碗，那么应该需要12÷3=4（个）菜碗。"

托博说："4人合用一个汤碗，那我们需要的汤碗就是12÷4=3（个）了。"

它们把车上的碗全部搬到了厨房，和厨房里原有的碗摆到了一起，托博说："你们数数，看看够不够。"

姐妹俩把所有的碗清点了一遍："哇，一共有19个碗，正好12个用来做饭碗，4个用来做菜碗，3个用来做汤碗。19-12-4-3=0，我们的碗正好够用,一个不多！"它们高兴地跳了起来。

姐妹俩捧着19只碗，高高兴兴地去准备晚餐。

经过三兄妹的努力，客人们不仅尽兴地跳了舞，还饱餐了一顿，度过了一个愉快的化装舞会之夜。

扫码查看
- 精品视频课堂
- 应用题型详解
- 算术口诀集锦
- 错题本工具

曼陀罗花手帕

人面蛾很喜欢飞蛾黛拉，每天都会假装路过它的窗前，热情地打招呼。

可是，最近这几天，无论人面蛾怎么跟黛拉打招呼，黛拉头也不抬，脸上一丁点儿笑容也没有，还不停地小声说着什么。

人面蛾心里很难过，以为自己惹得黛拉不高兴了。

它的低落情绪被大青虫发现了。

"黛拉没理由突然不愿意搭理你。"大青虫严肃地踱着步，瞪大眼睛看人面蛾，"一定是你做了什么坏事。"

人面蛾不停地摇头："没有。"

"那就是它干了坏事，害怕被你发现。"大青虫猜测着。

"不许你这样说它。"人面蛾很生气，"黛拉品格最高尚。"

"这么说来，问题就更好解决了。"大青虫竖起上半身，"一定是它遇到了难题，没有工夫来理你。"

两个伙伴赶到黛拉家，大青虫果然猜测得没错，黛拉遇到了难题。

"我正在绣十字绣。"黛拉趴在桌上，桌子上有一张正方形的大手帕，"可是绣了半个月，却还是没有按照老师的要求做好。"

黛拉说，它的老师是森林里的曼陀罗精灵。它教会黛拉绣十字绣，并要黛拉绣出自己满意的图案。

"凭你的巧手，什么绣不出来？"人面蛾叫道，"它究竟怎么为难你的？"

黛拉指着手帕说："这上面画了3行3列9个方格。曼陀罗精灵要我在每个方格上绣上白色或粉色的曼陀罗花，使每行每列都有2个方格是同一种颜色的花，1个小方格是另外一种颜色的花。"

人面蛾想了想说："我有主意了。"

它拿起粉色的线，截成了4段，按照下面的图案放好。

　　"看到了吗？在第1行的最后一格、第2行的中间一格，以及第3行的前2格都绣上粉色的花，其他方格里都绣白色的花。这样，不管怎么看，每行每列都有2格是同样颜色的花。"

　　黛拉眼睛一亮，很快又皱起了眉头："咦，可是，曼陀罗精灵一共给了我3块手帕。第1块我可以这样绣，另2块也是要求同行同列要有2格是同样颜色的花……这另外的2块，我又该怎么安排呢？"

　　大青虫背着手，摇摇摆摆得意地笑着说："你要是这么说，我也有一个主意。"

　　说行动，就行动，它从衣袋里掏出4颗玻璃珠子，摆出一个图案。

　　"按照我这种方法摆，你们数数，无论是行还是列，总能找到2个方格里同样颜色的花。"大青虫叫道。

这一次，黛拉不沮丧了。

它露出一脸灿烂的微笑说："真是谢谢你们的好意。我也有了一个好主意。"

它取了3颗宝石，放在第3块手帕上，组成下面的图案。

"如果按我的方法这样摆，那么无论怎么数，都会在每一行，每一列中，找到2格相同颜色的曼陀罗花。"黛拉穿针又引线，挑灯夜战地忙起来。

通过它的巧手和人面蛾与大青虫的智慧，3块精美绝伦的曼陀罗花手帕绣好了。黛拉拿到森林里，深受曼陀罗精灵的喜爱，不仅教会它更多神奇的刺绣法，还送给它神秘的礼物。

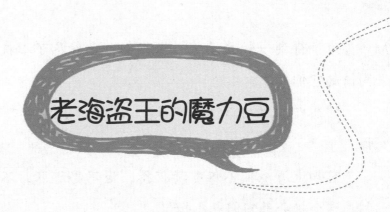

老海盗王的魔力豆

老海盗王虽然老得头发全白了，可牙口却很好。

它最喜欢嚼豆子，嘎嘣一咬，满屋子都是豆子的香味儿。而且，这些豆子从大洋彼岸运来，不仅大而饱满，还有一股闻上一闻就让人直流口水的味道。

只要老海盗王吃起豆子，海盗桑德拉和卡门及众海盗们闻什么食物都没味儿，吃什么食物都好像在嚼腐烂的臭咸鱼。

但只要它们管老海盗王索要，它准会摇摇头，连忙把豆子藏进衣袋里。

为了得到一粒豆子吃，海盗们可是费尽了心机，这使老海盗同情起它们来。

"想吃豆子也不难，不过，得付出点儿辛苦。"老海盗王说。

它知道海盗们不仅贪婪狡猾，还不思进取，不爱学习，决定利用这个机会教它们点儿知识。

这时候，就是去登月球，众海盗们也愿意，想也不想就点点头。

看到海盗们的决心，卡特背起手，把尾巴甩得三尺高，"我的船从马特利港开往格拉瓦斯港，顺水行船每小时行进28千米，返回时逆水而行用了6小时，马特利港到格拉瓦斯港相距多远？"

"水速当时是每小时4千米。"卡特补充道。

海盗们装模作样地议论纷纷，眼睛全盯着豆子，口水都流了三尺长。

"要我说，也不难。"海盗军师柯莱尔急得直哼哼，"顺水行船速度是每小时28千米，而根据顺水速度=船速+水速，由此可知，船速=顺水速度-水速，即28-4=24（千米/时）"

卡特点点头问："然后呢？"

顺流

"而逆水速度＝船速−水速，即24−4＝20（千米/时），即逆水速度为每小时20千米，返回时逆水而行用了6小时，即20×6＝120（千米），也就是说马特利港到格拉瓦斯港相距120千米。"柯莱尔快速答道。

卡特满意地点了点头，笑而不答扭头询问大家："你们看柯莱尔的答案对吗？"

海盗桑德拉和卡门顿时大叫道："不对，这不公平！"

卡特问道："不公平？那我问你，如果当时水速是每小时6千米，你能算出答案吗？"

桑德拉第一个垂下了头，众人一脸无奈样。

卡特继续宣布道："柯莱尔的答案当然正确！亲爱的柯莱尔，今天这豆子归你了！"

此时，柯莱尔显得很兴奋，在众人羡慕的目光中哼着小曲离开了。

逆流

$24-4=20$
（4米/时）
$20×6=120$（4米）

数字钥匙

　　螨虫雷尔去找百脚虫狄西卡，正看到邮递员狐狸默默拿着信站在门口。原来，有人给百脚虫寄信。百脚虫不在家，默默正准备把信扔进窗子里。

　　"我是它最要好的朋友。"雷尔挺起腰，"给我。"

　　接过信，一看是百脚虫的表妹露茜寄来的，雷尔迫不及待地打开了。它以为里面有好吃的东西，却没想到只是一串钥匙。

　　只是，这串钥匙并不是普通的钥匙，每把钥匙都是一个数字的形状，分别是2、4、4、6。

　　"露茜到底想干什么？"雷尔生气地跺着脚，"花了那么多邮费，居然漂洋过海从亚马孙雨林送来4把古怪的钥匙。"

它正要把钥匙丢开，听到狄西卡的尖叫。

狄西卡一阵风似的跑过来，夺过钥匙欢叫道："真没想到，表妹的雨林游乐场建好啦。"

它告诉雷尔，半年前，露茜写信给它，说要建一个雨林游乐场，建好后，会把游乐场的钥匙送给它，到时候，它想怎么玩就怎么玩。

狄西卡皱起眉头："不过，表妹说过，这4把钥匙如果不解除魔法，是当不了钥匙用的。"

"我看，这些钥匙看起来一点儿都不像钥匙，倒是很像数字啊！喏，2、4、4、6。一共4个数字嘛，哪里像钥匙呢？"雷尔说。

"露茜说过，为了防止心怀不轨的人得到钥匙，所以请精灵在钥匙上施了魔法。如果我们有办法解除魔法，就能得到钥匙。"狄西卡把信接过去，读了起来，"亲爱的表哥你好，只要你能把钥匙代表的2、4、4、6这4个数字组成一个算式，数字的先后顺序不可以变，最终结果等于24，那么魔法就会解除，你会得到4把真正的钥匙。到时候欢迎你带着朋友们来我的游乐场玩。表妹露茜。"

"啊？这么难！我看还是算了吧。"雷尔撇了撇嘴。

"这么容易就放弃？太不应该了。"狄西卡点了点雷尔的脑袋，"快点儿，跟我一起想。首先，4×6等于多少？"

"24呀。但是这又怎样，你只用到了其中的2个数字而已，不符合要求啊。"雷尔说。

"别打岔。我想想……唔，如果让前面的3个数字组成的算式结果正好等于4的话，4乘以6不就是24吗？"狄西卡思索着。

"前面的算式结果等于4？"雷尔在地上画来画去，"2+4=6，6+4=10，不对不对，不是加法……"

"嘿，我懂了。"狄西卡突然大叫一声，吓了雷尔一跳。

狄西卡找了个树枝，在地上刷刷刷地写下了2、4、4、6这4个数字，然后问雷尔："2乘以4等于多少？"

"8！"

"8减4呢？"

"4！"雷尔回答完毕，大喊了一声，"我懂了！"然后夺过树枝，在地上的几个数字之间快速写了几个运算符号，把它们串成了一道算式：（2×4-4）×6=24。

"对了！这样没有改变数字的顺序，而且结果等于24！"狄西卡赞赏地点了点头。

话音刚落，那4把样子古怪的钥匙突然动了动，变成了4把真正的钥匙。狄西卡和雷尔叫上好朋友蜈蚣普里和鼻涕虫，高高兴兴地乘船去大洋彼岸的热带雨林游乐场了。

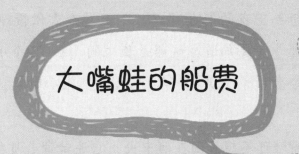

大嘴蛙的船费

　　流浪艺人大嘴蛙划着船，从遥远的异乡归来，带来许多新奇的玩意儿。它准备把它们卖掉，好去地下城里购置过冬吃的食物。

　　但让它没想到的是，船居然在中途坏掉了。

　　大嘴蛙急得又叫又跳，不停地张望远方是否有船划过来。

　　事情正像它所期盼的，果然有一条船划过来，但船上坐着的人，却是它最不愿意看到的，原来是臭鼬姬恩太太。

　　要知道，姬恩可是有名的小气鬼。

"想要坐我的船也可以。"姬恩太太傲慢地说，"但你要跟我平摊船费。要知道我这船是租来的，租了2个小时，每个小时租金要20个金币呢。现在船已经行驶了1个小时了，要不要上来随你的便。"

大嘴蛙可不想被困在河中央，它连忙带着货物爬上船。

当小船驶到地下城的入口，姬恩太太看看表："现在船的租期已到，你得付给我金币。"

大嘴蛙翻遍衣袋，连一个金币也没掏出来。

"我卖完这批货物，一定把金币给你送去。"大嘴蛙小心翼翼地问，"是多少个呢？"

姬恩太太转转眼珠："不多也不少，一共20个。"

大嘴蛙吓得心脏差点儿停跳，它从来也没想到会付这么多的船费。如果是这样的话，恐怕就没有足够多的金币去买过冬的食物了。

它拖着货物跳到岸上，一整天都无精打采。

"你一定遇到了什么难事。"老猫罗浮从未见过大嘴蛙情绪如此低落。

"我欠了一笔钱。"大嘴蛙啜泣起来，"足足有20个金币。"

罗浮张大嘴："你流浪在外，一整年在别人家白吃白住吗？"

大嘴蛙摇摇头，把自己的遭遇告诉了罗浮。

罗浮不屑地挑起眉毛："那是姬恩太太在骗你。那艘船2小时一共才需要40个金币。"

"可是，我大嘴蛙说话从来都算话。"大嘴蛙说，"答应的事情，从来也不会反悔。"

罗浮盯着大嘴蛙手中的罗盘："如果把这个送给我。我保证让你既没有说话不算话，也付了该付的金币，更能买到足够多的过冬食物。"

"这是我自己做的，你喜欢就送给你好了。"大嘴蛙慷慨地把罗盘送给了老猫罗浮。

"谢谢。你看，按照姬恩太太自己所说，你们平摊船费，你出20个金币，所以你们一共应该花了20×2=40（个）金币，对不对？"

大嘴蛙想了想，点点头。

"但是，你上船的时候，姬恩太太说得可是明明白白的，船已经行驶了1个小时了，这1个小时的船费，怎么能让你来出呢？"

大嘴蛙转了转眼珠，有点儿明白了："船费一共40个金币，1小时的租金，按姬恩太太的说法，是20个金币，船一共行驶了2个小时。第一个小时的船费，我是不应该出的。我只要出第二个小时的就好了……"

"不不不，第二个小时，是你和姬恩太太一起坐船的呀，船费应该平摊才对。你只需要出1小时的船费的一半，也就是20÷2=10（个）金币就好了。"老猫罗浮自信满满地说，"你去告诉姬恩太太，她的算法是不对的，我的算法才是正确的，不然我们就去法院让法官大人来评评理。"

大嘴蛙觉得很有道理，就拿着钱赶到姬恩太太家。

它说明自己该付的金币，并如实支付。姬恩太太知道大嘴蛙说得一点儿也没错，只好收下了10个金币。

剩余的金币，正好够买到足够多的过冬食物，大嘴蛙又开心起来。

霸王猫的伤心事

"哈！"大公猫迪克扑到霸王猫身上，霸王猫吓了一大跳。

它蹿起来，甩甩尾巴，又气呼呼地坐到地上："你要干什么？"

"我还想问你鬼鬼祟祟地想要干什么。"迪克说。

霸王猫此时才发现，自己躲在猫王国最昏暗的路灯下，背对着街道，双手掩着手中的照片。

照片上有一只漂亮的小母猫。

"这是我最好的朋友，是小母猫芬妮。"霸王猫说，"我没来猫王国的时候，天天在地铁上能见到它。可是昨天，我坐地铁时，它居然连看都不看我一眼了。"

"为什么？"迪克不解地问。

"因为地铁里的猫瞧不上猫王国的乡巴佬。"霸王猫说，"对它们来说，能每天坐地铁，才是最开心、最时髦的事情。"

"可是，你是它的好朋友啊。"迪克说。

霸王猫低下头，又盯着照片瞧，眼睛里竟然流出泪水。

它告诉迪克，完全不是这么回事。其实，在三年前，芬妮就不理自己了。这全怪另一只大公猫。

"那只猫当着芬妮的面，问了我一个问题。"霸王猫现在想起来，还咬牙切齿。

"什么问题？"迪克问。

"有一个月，每个星期一的日期全部加起来的和是50，它问我这是几月份？1号是星期几？"霸王猫说，"我算了很久都没算出来，我认为是它在有意当着芬妮的面让我出丑。"

"你真的认为不存在那个月份？"迪克知道霸王猫除了大吼大叫，懂得的知识实在少得可怜。

"我当然这样认为。"霸王猫说，"可是芬妮不这样想。它一直认为有这个月份。所以，从那以后，它再也没有理过我这只笨猫。"

"世界上没有笨猫，只有不爱学习的猫。"迪克说，"不如我们来算一算。"

霸王猫找来纸和笔，交给迪克。

迪克边写边说："假设第一个星期一是x号，第二个星期一就是x+7号，依次类推：第三个星期一是x+14号，第四个星期一就是x+21号，因为它们的和是50，所以这个月只可能有四个星期一。那么就是，

4x+7+14+21=50

4x=50-7-14-21

4x=8

x=2，

所以第一个星期一是2号，第四个星期一是23号，又因为这个月只有四个星期一，因此这个月不会超过30天。

霸王猫恍然大悟，说："我知道了，一年中只有2月份的天数不超过30天。2月份平年是28天，闰年是29天。所以一定是2月份。"

"现在，你看看1号是星期几呢？"迪克问。

"是星期日。"霸王猫惊叫道，"因为2号是星期一时，1号自然是星期日。"

没等迪克反应过来，霸王猫就飞快地跑出地下城，到达了地铁站。

霸王猫把这个迟来的答案告诉了小母猫芬妮。令它没想到的是，芬妮居然马上就开心起来，夸奖它最聪明，还邀请它去电影院看电影。

一	二	三	四	五	六	日
						1
2	3	4	5	6	7	8
9	10	11	12	13	14	15
16	17	18	19	20	21	22
23	24	25	26	27	28	

2月

鼹鼠奶奶算错账

鼹鼠布兰奇与蒂丝路过鼹鼠奶奶的面包店，听到一阵争吵声。
两只小鼹鼠跑进面包店，正看到白眉黄鼠狼冲鼹鼠奶奶瞪眼。

"我拿2个1元硬币来买东西，"白眉黄鼠狼说，"买了4块蛋糕、2个蛋挞、1根火腿肠。它居然找我7个1角硬币。"

鼹鼠奶奶不停地在本子上计算着，算得眼花又口渴，由于白眉黄鼠狼不停地吵，它实在无法集中心思把这个难题解决掉。

面包店

"你怎么知道鼹鼠奶奶一定算错了？"蒂丝问。

"因为每根火腿肠的价格是6角钱。"白眉黄鼠狼说。

布兰奇看了看火腿肠的价格，果真是每根6角钱。

"蛋糕多少钱一块？"布兰奇问。

白眉黄鼠狼摇摇头。

"那蛋挞呢？"蒂丝问。

白眉黄鼠狼依旧摇摇头，脸上露出厌恶的目光："我不像你们这么笨。根本不需要知道这两种东西的价格，就知道鼹鼠奶奶算错了。"

它拿着三样东西气呼呼地走了，甩下一句话："傍晚的时候我会来拿找零的硬币。如果算错了，别怪我不客气，去地下城的猫王国投诉你。"

看着白眉黄鼠狼走了，鼹鼠奶奶哭得很伤心："我人老记性差，经常丢三落四，算错账。再这样下去，面包店无人光顾。我就要关门去乞讨了。"

"鼹鼠奶奶别着急，我们帮你想办法。"布兰奇决定帮助鼹鼠奶奶，"既然白眉黄鼠狼一口咬定算错了，我猜，也许鼹鼠奶奶是真的算错了。"

布兰奇和蒂丝问鼹鼠奶奶蛋糕与蛋挞的价格。鼹鼠奶奶急得满头大汗，它年纪大，受点儿刺激竟然失忆了，不停地摇晃着脑袋。

"别着急，我们自己想办法。"布兰奇打算去问今天买过蛋糕的动物。

但事情并不像它们想得那样顺利，猫王国里的所有猫坐地铁

去拜访客人了，猞猁们都去押送货物了，下下城里的穿山甲们正在睡午觉，怎么叫都叫不醒。

两只小鼹鼠垂头丧气地回到面包店，正遇到鼹鼠克蒂斯与它形影不离的好伙伴墨镜鼹鼠。

听说了鼹鼠奶奶的遭遇，克蒂斯的表情变得格外认真。

它走到面包店里，在货物架上取下4块蛋糕，又拿了2个蛋挞，挖空心思地琢磨着。

墨镜鼹鼠耸耸肩："根本不用这么费心思。"

它微微一笑，一脸神秘："减去6角钱的火腿肠，还剩下多少钱？"

"14个1角硬币。"布兰奇说。

"如果是这样的话，就好办了。"墨镜鼹鼠说，"14是偶数，对不对？"

布兰奇与蒂丝点点头。克蒂斯也非常认同。

偶数+偶数=偶数　偶数

"你们知道，4块蛋糕，2个蛋挞，买的数量都是偶数，无论每个多少钱，结果都是偶数。"墨镜鼹鼠说，"而1根火腿肠的价格也是偶数，根据偶数+偶数=偶数。那么找回的钱也应该是偶数。"

"你是说，就是根据这个道理，白眉黄鼠狼在鼹鼠奶奶没有告诉它蛋糕与蛋挞多少钱的情况下，鼹鼠奶奶找给它7角钱，是奇数，所以它说钱数不对？"

"当然是这样。"墨镜鼹鼠眨眨眼，"我记得早晨我刚好买过这些东西。"

在墨镜鼹鼠的帮助下，布兰奇与蒂丝终于算出该找给白眉黄鼠狼的钱数。傍晚，白眉黄鼠狼来的时候，看到小鼹鼠们居然找对了钱，就大方地送给它们每人一枚1角硬币，也不再找鼹鼠奶奶的麻烦了。

蛤蟆老兄捕河虾

"是你放走的。"蜥蜴人吼叫道。

"是你。"蛤蟆老兄一蹦三尺高，指着蜥蜴人的鼻子放狠话，"如果你不找回来，那么，从此以后我们就不是好朋友。"

原来，蜥蜴人与蛤蟆老兄天还没亮就在地下河道的芦苇丛里捉河虾。它们本来捉到很多河虾，但由于它们躺在岸上睡了一会儿懒觉，一睁眼睛，发现鱼篓里的河虾少了许多只。

"明明是你。"蜥蜴人气得直发抖，"现在我就不再拿你当

好朋友。"

它们的争吵声把金蟾吵得忍无可忍，不得不从城堡里走出来。

要知道，金蟾可是世界上最不喜欢说话、最喜欢清静的家伙了。

"瞧瞧你们在说什么傻话。"金蟾不满地说，"就为了一些河虾。"

"这是我们的早餐。"蛤蟆老兄呻吟着，"现在我还饿着肚子。"

金蟾拎起鱼篓，看到里面的河虾蹦蹦又跳跳："你们记得自己捉了多少只河虾吗？"

"我捉了15只又大又肥的河虾。"蛤蟆老兄说，"足够我美美地吃一顿。"

"我比它多7只。"蜥蜴人说，"虽然我不是抓虾高手，但我最用心。"

"那你们记得鱼篓里一共有多少只河虾吗？"金蟾问。

"如果记得，我们只要数一数就好了。"蛤蟆老兄夺过鱼篓，"反正剩下的全是我的。"

蜥蜴人不甘示弱，两个家伙在芦苇丛中你争我夺，鱼篓眼看着要被撕烂了。

"要是再这样抢下去，你们谁也吃不到。"金蟾生气地皱着眉，"鱼篓一坏，河虾就会逍遥地爬回地下河里。"

蜥蜴人不夺了，蛤蟆老兄小心翼翼地捧着鱼篓，生怕里面的河虾全溜走。

"你们曾经是最好的伙伴。"金蟾背着手，不停地走，"让地下城和地下河所有的动物都羡慕。可是现在，为了几只河虾竟然大打出手。"

蜥蜴人羞红了脸。

蛤蟆老兄不好意思地低下头。

"只要用心，没有解决不了的难题。"金蟾并没有帮助两个伙伴解决难题，而是气得鼻孔生烟，走回自己的城堡。

"一年前，我口袋里没有一个金币，是你每天给我送面包。"蛤蟆老兄抹眼泪。

"两年前，我撞坏腿，你不仅照顾我一个月，还帮我修好了芦苇篱笆。"蜥蜴人搂住蛤蟆老兄的肩膀。

"团结力量大，瞧瞧我们多能干，我捉了15只，你竟然比我多7只。"蛤蟆老兄骄傲地说，"一共是22只。"

$$22+15=37（只）$$

"我的22只，加上你的15只。"蜥蜴人想了一下，高兴得跳起来，"一共37只虾。这些不仅够我们吃，还可以请金蟾饱餐一顿。如果不是它，我们现在还在争吵不休。"

两个伙伴突然跳起来，它们意识到，自己居然算出了鱼篓里自己捉到河虾的总数。它们连忙爬到岸上，把所有的河虾倒出来，数了一遍，正是37只。

"我知道了。"蛤蟆老兄叫道，"鱼篓里的河虾并没有少，而是水少了。地下河每天都会潮起潮落，早晨的时候水大一些，所以鱼篓里的水多，虾浮在上面，就显得很多。"

"上午，水开始变少。"蜥蜴人说，"河虾往下沉，就显得少了。"

它们把这一惊人的发现，告诉了金蟾，并请它共用河虾大餐。金蟾用过午餐就消失了。蛤蟆老兄与蜥蜴人谁也没去寻找金蟾，它们猜测金蟾一定使用了隐身披风，它最怕被人打扰了。

小狲猊大智慧

"限你在3天之内，必须把手镯还给我。"竹节虫恶狠狠地对狲猊虫虫说。

竹节虫离开后，狲猊虫虫跌坐到地上，呜呜地哭起来。

它本来要去蚰蜒爷爷家送一盒牛奶，没想到走得太快，被像树枝一样立在地上的竹节虫绊倒，不仅牛奶全洒到地上，还踩碎了竹节虫的镯子。

薄金条

绿宝石

玛瑙石

龙鳞

这个镯子可不一般，是竹节虫的祖先传给它的。据说，戴上它冬天不冷，夏天不热，走进河里能漂起来，下雨的时候，雨滴会分别向身体的两侧滑落，却浇不湿竹节虫。

别看竹节虫才只有猞猁虫虫的胳膊那么粗，那么大，可它要是真生气，也是很吓人的。

猞猁虫虫一路哭着走到蚰蜒爷爷家。

听了猞猁虫虫的不幸遭遇，蚰蜒爷爷抽起水烟："那只镯子确实不一般，而且非常宝贵。不过，也不像你说得那样可怕。"

"它要我赔它一只一模一样的镯子。"猞猁虫虫说，"必须用4根同样长的薄金条，连接成一只围起来有15厘米的镯子。上面镶嵌着森林里的绿宝石，河底的玛瑙石，还需要一片龙鳞。"

　　"许多年前，我可是见过会制作这种镯子的首饰匠。"蚰蜒爷爷说，"并掌握了一些制作方法。"

　　猞猁虫虫破涕为笑，要蚰蜒爷爷帮助它。

　　"先去找绿宝石与玛瑙石。"蚰蜒爷爷说，"如果能找来龙鳞，那我们就可以制作镯子了。"

　　猞猁虫虫去了森林，找来绿宝石，又在地下河里找到了玛瑙石。

　　得到龙鳞可不是那么容易的事情，可是它诚恳的请求竟然打动了黑龙与黄龙，它们送给它一片龙鳞。

　　猞猁虫虫把这些东西交给蚰蜒爷爷，本以为可以开始了，却没想到，最大的困难还没有解决。

"你得去找4根薄金条，"蚰蜒爷爷说，"把它们头尾相连，粘在一起。为了保证牢固度，在接头处要重叠3厘米。这样粘好了之后，整个金条的长度有15厘米。那你知道要去找多长的金条才能连成这样的大金条吗？"

"4根金条，重叠的地方一共有3处，这3处的长度加起来，是3×3=9（厘米）。那么，总长度加上这些重叠的地方，就是4根金条原来的长度，即15+9=24（厘米）。"

蚰蜒爷爷点点头，笑了起来："你真聪明。这样的话，你应该也能算出每根金条的长度了吧？"

"是的，金条的长度则是24÷4=6（厘米）。原来每根金条是6厘米！"

蛐蛐爷爷赞许地点点头。

当猞猁虫虫把做好的镯子交给竹节虫时，竹节虫真是惊讶极了，因为它从来也不相信小猞猁居然有大智慧。

大青虫做向导

　　小青虫苏珊坐在青虫之屋的窗口，每天都盼望着哥哥大青虫早日归来。

　　大青虫很喜欢在森林里游逛，整个大森林里，没有它不了解的动物和植物，没有它不知晓的古老传说与秘密。

　　最近，老豚鼠海盗王准备到森林里去探寻一个古老的藏宝地，雇佣大青虫做向导。

　　大青虫每日早出晚归，工作起来特别用心。

　　可是苏珊却并不乐意。

　　它对人面蛾说："哥哥每天早晨9点就从家里出发，要到晚上5点才能结束。我真担心这么长时间里，它会在森林里遇到危险。"

　　"放心，它的雇主是老海盗王，森林里可没有谁敢惹怒它。"人面蛾说。

　　人面蛾回到家，吃过晚餐准备睡觉，发现苏珊还趴在青虫之屋的窗前等着哥哥，不禁心里也跟着担忧起来。

　　它飞到青虫之屋对苏珊说："森林里确实有许多危险。"

　　苏珊抽动着鼻子，眼泪啪嗒啪嗒地掉。

　　"不过，我们可以想办法，提前知道大青虫几点回来。"人

面蛾看了一眼手表，"现在是晚上7点钟，我猜它们正在回家的路上呢。"

"要怎么样，才能知道哥哥究竟工作几个小时，几点能回到家呢？"苏珊脸色苍白，双手发料，它害怕哥哥遇到危险。

"看看你的挂钟吧。"人面蛾飞进青虫之屋。

苏珊看向挂钟。

"它几点上班？"人面蛾问。

"9点。"苏珊说。

"几点下班？"人面蛾问。

"5点。"

"用下班的时间，减去上班的时间，正好是它工作的时间。"人面蛾说。

苏珊摇摇头："根本不是这样。5比9小，不能减去9。"

人面蛾哈哈笑："你一定是太着急，没想到是下午5点也就是17点。因为一天分为24小时啊。"

苏珊恍然大悟："你是说，用17点减去上午的9点？"

"正好是8。"人面蛾说，"它一天需要工作8个小时。在下午5点的时候就往家走。"

苏珊脸上沮丧的表情消失了："哪怕是森林最深处，开车回来至多需要3个小时。你是说，老海盗王开着汽车，最晚在8点就可以回来？"

　　"当然是这样。"人面蛾又看了一眼手表，"我猜它们快要
回来了。"

　　果然，远处传来汽车的鸣笛声。

　　远远的，大青虫下了汽车，神秘兮兮地背着一袋金币走进了
青虫之屋。它果真发现了宝藏，还送给人面蛾许多
金币。

迷失在森林里的穿山甲

由于地下城里的下下城终日见不到阳光，穿山甲们的身体变得虚弱起来。穿山甲王托博决定带领众多穿山甲去森林里采摘蘑菇，锻炼身体。

带上足够多的食物，经过两天两夜的跋涉，穿山甲们终于到达了森林的最深处。

令人意想不到的事情发生了。

由于森林里草木高深，有一部分穿山甲居然与大家走散了。

"森林里有许多意想不到的危险，如果不及时找到它们，恐怕它们会遇到危险。"托博忧心忡忡，"最重要的是，下下城里还有几只年老体衰和年幼的穿山甲，由两只穿山甲照顾着，没有跟来。我根本不知道一共来了多少只。"

勇敢的穿山甲杰伦克立即带领一支队伍去寻找失散的同伴。

穿山甲王托博也带领一批穿山甲，去寻找可怜的同伴。

刺猬布鲁也加入到找人的队伍当中，一起出发了。

为了照顾没有走散的同伴，穿山甲媚媚留了下来。傍晚天快黑的时候，三批穿山甲与刺猬们陆陆续续地赶了回来。

从它们垂头丧气的模样中，媚媚一眼就能看出，那些走失的同伴并没有被找到。

穿山甲王托博只吃了一点儿食物，就开始点数，它想知道还剩下多少只穿山甲与刺猬。

这让一直愁眉不展的媚媚有了主意："我记得刚走时，我们清点过穿山甲的数目。"

"赶快说说。"托博叫道。

"从前面数，我是第12只，从后面数，杰伦克是第15只。"媚媚说，"我记得我和杰伦克中间隔了5只穿山甲。"

"这就是所有的穿山甲的只数？"托博问。

"我记得就是这么多。"媚媚说。

"只要把这些全算清楚，"杰伦克也振奋起来，"就一定能知道来了多少只穿山甲，走失了多少只。"

托博在众多的穿山甲身边走来又走去："从前面数，媚媚是第12只，也就是说，你加上前面的穿山甲，一共是12只。"

媚媚点点头。

托博走到后面的穿山甲身边："从后面数，杰伦克是第15只，也就是杰伦克加上后面的有15只穿山甲。"

穿山甲们议论纷纷，全都看到了希望。

它们认为，只要算出一共有多少只穿山甲，就可以找回同伴们。

"我与杰伦克之间，隔了5只穿山甲。"媚媚说，"也就是说，我们中间还有5只。"

"我们有救了。"布鲁突然兴奋地尖着嗓子叫道，"将前、后，中间相隔的穿山甲

的数目加起来，就可以算出一共到森林里来了多少只穿山甲。"

"列出算式，正好是12+15+5=32（只）。"穿山甲王托博兴奋地大叫道，"一共32只穿山甲。"

它清点了穿山甲的只数，发现其中少了2只。正当大家想去寻找时，草丛里钻出2只年老的穿山甲，它们说自己实在困了，躺在草丛里打了个盹儿。它们对森林可是很熟悉，所以一路跟着脚印就找到了自己的同伴。

穿山甲们为了庆祝这次重逢，立即举办了篝火晚会，欢腾了一整夜。

助人为乐的
小河螺

大公猫伯爵最近迷上了吹河螺号角。它吃饭的时候吹，睡觉的时候吹，连在猫城里巡逻的时候也吹个不停，吵得地下河里的龙兄弟日夜不得安宁。

黑龙凯西趁伯爵不注意，悄悄偷走了它的河螺号角，藏到了水草里。

伯爵为了寻找河螺号角，不仅翻遍了整座猫王国，还与猞猁们和穿山甲们打斗起来，扬言所有动物都参与了偷河螺号角的计划。

地下城里的动物虽然听不到了号角声，但被伯爵的吼叫吵得更不得安生，龙兄弟也烦恼极了。

"也许我们不该这样做。"黑龙凯西说，"伯爵整日无精打采，不停地嚎叫，几天不吃一口东西，我真担心它会饿死。"

"它可是大总管，猫王国里缺少它，不知要闹出什么乱子。"黄龙犹利也很是担心。

龙兄弟吃不香，睡不着，只要来到河岸边，准能看到伯爵坐在猫王国的荣耀石上不停地哭，连母猫美娜都无法劝说它高兴起来。

"还是把河螺号角还给它吧。"凯西说。

龙兄弟去找河螺号角，它们惊恐地发现，河螺号角居然不见了。

这时候，岸边传出吵嚷声，龙兄弟爬到岸上，不禁吃惊地瞪大了眼睛。

在地下城的猫王国里，它们看到荣耀石上端坐着一只巨大的河螺戴维。它手里正拿着伯爵的河螺号角。

河螺戴维可是了不起的大力士，它只要轻轻一用力，整座猫城都能给推倒。

它伤心地呜咽着："这只小河螺是我的弟弟。是谁杀掉它，把它制成了号角？"

伯爵连忙摇头："我只是在河里捡到一个空壳。"

"我离家远行三年，居然有人要了我弟弟的命。"戴维吼叫

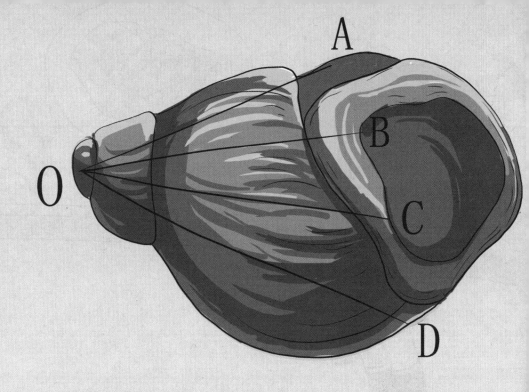

道，"我要把猫城夷为平地。"

就在众多的猫乱作一团、四处逃窜的时候，空河螺里传来一阵瓮声瓮气的说话声，好像小河螺还在里面。

"天哪！这一定是弟弟的幽灵。"戴维叫道，"传说，空河螺里都寄居着河螺的幽灵，只要谁说对河螺里有几个角，幽灵就可以出来。到时候弟弟是怎么死的，就真相大白了。"

众多的猫都凑过来看那个河螺，只见河螺的壳最顶端射出几道奇妙的光线，非常美丽，一看就是精灵的魔法。它们从一个顶点射出，组成了几个角。

"里面有4个角。"伯爵急于证明自己的清白。

幽灵没有出来。

"有3个。"霸王猫说。

龙兄弟也来到猫王国。

凯西往里面瞧："依我说，表面上看，是4个。但每2个和每3个小角，还可以组成一个大角啊。"

戴维眼前一亮："一定是5个。"

母猫美娜摇摇头："还少算了一个。"

它特意画了一幅空河螺的图。

"这样清楚地标出来，一眼就可以看出，一共是6个角。"美娜说。

聪明的美娜刚说完，河螺就抖动起来，从里面钻出小河螺的幽灵。

它告诉哥哥，自己并没有死掉，而是变成了一个透明的精

灵，四处帮助河里的动物们。

它还说，很喜欢伯爵这样爱惜自己，它跟伯爵早已成为要好的朋友，只是伯爵并不能看见它，也就不知道有它这样一个好朋友的存在了。

伯爵刚开始吓出一身冷汗，听小河螺这样一说，自豪地仰起了头。

从此，它每隔一天才吹一次河螺号角，其余的时间就把小河螺放在河边的水草里，任由它去帮助地下河里的动物们。

海盗船上的幽灵们

最近几天，海盗船上的豚鼠海盗们全都疑神疑鬼，总感到身边有一个看不见的幽灵在跟着自己。

"我看到了。"海盗桑德拉一脸惊恐，"它好像是猫祖先铠甲勇士。"

"不。我看得清清楚楚。"海盗卡门打断桑德拉的话，"是一只可怕的巨大猞猁。"

"如果我没说错，它就是一只豚鼠。"海盗王现在想起来，也吓得浑身发抖，"只要一关灯，它就溜进我的卧室，在我的床边跳来跳去，好像要扑上来掐住我的脖

子。可是一点灯，它就溜掉了。"

这里最害怕的要数海盗军师了，不仅上面三个海盗所说的幽灵，它全看到过。它还见过一条面目狰狞的老龙。

"再这样下去，我们的地盘就变成幽灵船了。"海盗军师叫道，"不如把这些幽灵找出来，赶走它们。"

所有的海盗忙乱起来，在海盗船上四处寻找可怕的幽灵。

这件事情惊动了海盗菲尔。

它听说此事，微微一笑："根本就没有你们想象的那样可怕，这种奇怪的现象一百年才

出现一次。传说，只要谁抓住这个影子，并说对它究竟是什么动物。那么，影子就会变作金像。"

"你是说，这只是影子？"海盗军师不敢相信。

"当然是影子。"菲尔说。

"而且，只要说对它是什么动物，那么，影子就会真的变成这种动物，而且是金的？"桑德拉张大嘴巴。

"是的，很稀有，也很昂贵。但是头脑迟钝的家伙是无法得到它的。"菲尔说，"影子的速度很快，正常是5米/秒，如果影子是顺风而行，速度就等于自身的速度加上风的速度；

而如果影子是逆风而行，速度就等于它的速度减去风速。只有能快速算好影子的速度，并且找到相应的办法，才能抓到影子，获得财富。"

海盗们钦佩地看着菲尔，说："可是我们怎么能知道风速呢？"

菲尔挺直了腰说："在手指上涂上唾液，迎风一试就能知道风速！这是我们老海盗必须具备的技能。来吧孩子们，我今天就带你们去抓那个神奇的影子，让你们看看真正的海盗应该有怎样的身手！"

当天夜里，菲尔带领大家在船上布置好。晚上，那个神秘的影子又出现了。它快速地滑过走廊，奔向餐厅。

　　菲尔把手指伸到嘴里舔了一下，然后往空中一停，接着说："风速是3米/秒！影子是顺着风走的，你们谁知道它的速度？"

　　"3+5=8（米/秒）！"海盗军师大喊，"快拿我的滑板车追！"

　　海盗们跨上滑板车，追赶着影子。但影子速度太快了，它们根本追不上。

　　那个影子好像有思想一样，它意识到海盗们在追赶它，忽然拐了个弯，绕到了另一条路上。

　　"快点儿！它现在是逆风状态……"菲尔话还没说完，桑德拉

就在心里算好了影子的速度："5-3=2（米/秒）！我是海盗里面跑得最快的，这个速度我一定追得上！"

桑德拉勇猛地冲了过去，趁影子转向，速度变慢，一把勒住了它的脖子。

那个影子晃了几晃，形状发生了变化。

"是猫……不对！是豚鼠？啊，不对不对！是龙！是龙！"桑德拉大喊着，生怕自己猜错。

它猜对了！影子开始不断凝固，变成了一尊金龙像。

"成功啦！"海盗们欢呼起来。

"孩子们，你们明白了吧？聪明的头脑和敏捷的身手，能让你们获得非凡的财富。"菲尔摸着胡须笑了起来。

蚯蚓艾比最近总是听到蚯蚓大叔叹息，它问爸爸："发生了什么不愉快的事情吗？"

"我年老记性差，总是算错账。"蚯蚓大叔说，"这一年，蛐蜒爷爷雇我当园丁，每个月发薪水后，全都锁进木箱里，准备给你买毛线织一件毛衣，再买张小床，让你度过一个温暖的冬天。"

蚯蚓大叔叹口气："可是，到秋天，一下子拿出这么多金币，我一时间算不出工作7个月以来，到底可以领多少个金币了。"

"我帮你数一数。"艾比说。

令它没想到的是，爸爸从箱子里取出的并不是金币，而是一个账本。

"蚰蜒爷爷告诉我，只要想花钱，我随时都可以把工资取出来。"蚯蚓大叔说，"但我害怕平时乱花钱，到了秋天没钱买线织毛衣，就把钱存在蚰蜒爷爷那里，想等用钱的时候再去拿。"

艾比很受感动，因为蚯蚓大叔平日里省吃俭用，几乎没见它花过什么钱。

"爸爸，到现在你一个金币也没领吗？"艾比问。

"领过。"蚯蚓大叔说，"那是因为第一个月，我有一笔账要还。"

"那你记得存在蚰蜒爷爷那里的金币有多少个吗？"艾比问。

"1月是2个金币，2月是12个金币。"蚯蚓大叔说，"3月16个，4月18个，5月17个，6月12个，7月13个。"

"只要把每个月的金币加起来，就是你该从蚰蜒爷爷那里拿回的钱了。"艾比想了一下说。

"我知道。"蚯蚓大叔说，"可是我算了好几天了，每次算，都有不同的结果。"

艾比瞧了瞧账本："我有一个好主意。"

它把几个月的金币数量全都按照顺序记了下来，列出算式：
2+12+16+18+17+12+13。

蚯蚓大叔看了看说："你真是个聪明的孩子。可

是，蚰蜒爷爷下午要出门远行，要一个月后才回来。到时候恐怕就到冬天了，给你织毛衣就来不及了。"

看到爸爸难过的模样，艾比的心情也难过极了。

它转动着眼珠，突然有了主意："这些数中，有几个数两两相加是整十数。如果这样算，就简单多了。"

蚯蚓大叔惊喜地叫道："你是说17和13吗？它们加在一起是整十数30。"

"还有12和18。"艾比说，"加在一起也是30。"

"可是，还有3个数字是单独的。"蚯蚓大叔说。

艾比摇摇头，它已经十分有把握能马上解决这个难题了："余下2、12、16。2加12等于14，14加16等于30。"

艾比在纸上写下算式：

2+12+16+18+17+12+13

=（2+12+16）+（18+12）+（17+13）

=（14+16）+30+30

=30+30+30

蚯蚓大叔激动地拥抱住艾比："这样看来，这些金币的数量就一目了然了。3个30加在一起，就是90。"

蚯蚓艾比与爸爸赶到蚰蜒爷爷的住处，它正背着行囊准备出门。蚯蚓大叔拿到90个金币，送别蚰蜒爷爷，连忙去买毛线，并把毛线交给了缝衣店的老板。这样，在冬天到来之前，艾比就有暖和的毛衣穿了。

它又与爸爸去了家具城，买回一张结实又温暖的小床。夜晚到来，艾比早早就上了床，它还是第一次睡在这么舒适的小床上，不禁连做梦都在微笑。

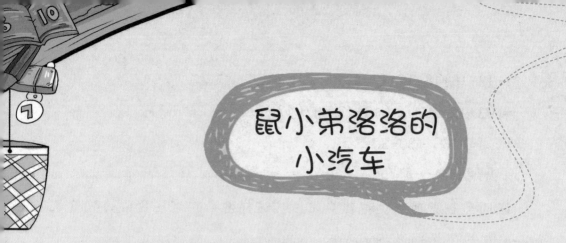

鼠小弟洛洛的小汽车

鼠小弟洛洛最喜欢汽车模型，在它小小的卧室里，摆满了各种各样的汽车模型。

"我看不出它们有什么新奇的地方。"大盗飞天鼠摇头又摆尾，"全都是些没用的木头。"

"可是在我心中就完全不同了。"洛洛说，"它们不仅颜色不同，款式不同，汽车的性能也不同。有的可以爬山，有的可以在水里行驶，还有的可以在天上和在冰上行驶。坐不同的汽车，就可以去不同的地方探险。"

大盗飞天鼠撇着嘴："可是，这些都是你幻想出来的。"

鼠小弟洛洛把手指放在嘴边，一脸神秘地说："其实这些汽车并不是用木头雕刻的。它们全被施了魔法。只要解开魔法，就可以上天入地，想去哪里去哪里。"

"你真是病得不轻。"飞天鼠咕哝着，摇摇头，打算去找白鼠茉莉喝下午茶。

鼠小弟洛洛一把拉住了它："我说的全是真话。"

"那你就证明给我看。"大盗飞天鼠不屑地说，"只要让它们飞上天，哪怕就在天上行驶一圈，我以后再也不会小瞧这些汽车模型。"

鼠小弟洛洛把7辆汽车摆成一排。

"这些小车是我从狐狸人手里买到的。"鼠小弟洛洛说，

"它不仅向我透露，这些汽车原本全是真的，还给了我7把钥匙。"

当鼠小弟从床下的盒子里取出7把钥匙，飞天鼠不再往门外走，而是待在了原地。

它可是一直在维拉斯的赌场当总管，认识许多有钱的客人，它们开着豪华的汽车，手中拿着的全是这样的钥匙。

"这些钥匙该不会是假的吧。"飞天鼠的眼睛眨了又眨。

"是真的。"鼠小弟洛洛说："狐狸人告诉我，只要把中间的汽车涂成银白色，魔法就会解除。可是我一共有7辆汽车，想找中间那一辆的话，应该用7除以2才对。但是7除以2，结果好像不是整数啊。"它垂下了脑袋，沮丧地说，"我实在是算不出来。"

"我不会算除法，但我懂得任何知识都要自己去实践才能真正领悟。"飞天鼠把鼠小弟的车都拿来出来，放到一起，"你试试不要去想除法，只看这7辆车，哪一辆是最中间的？"

"第1辆和第2辆，肯定不是；第3辆，前面是2辆，后面是4辆，也不对；那么第4辆车……"鼠小弟的眼睛一亮，"第4辆车，前面是3辆车，后面也是3辆……"它难以置信地看着飞天鼠，这个让它纠结了好久的难题，居然就这么被解开了！

"快，把颜色涂成银白色，看看对不对！"飞天鼠鼓励着鼠小弟洛洛。

它们找来小刷子，给第4辆车涂上了银色的颜料。果然，这7辆木头小汽车慢慢发生了变化。为了防止房子被撑坏，眼疾手快的飞天鼠在它们变大之前就把它们扔到了林间的空地上。在那里，它们变成了真正的小汽车。

"你说得对！一定要实践一下，才知道自己的算法到底对不对。"洛洛对飞天鼠说。

这下，有了7辆小汽车，飞天鼠与鼠小弟连忙驾驶着其中最漂亮的一辆，去找白鼠茉莉喝下午茶了。

鲶鱼妙拉闯
水下地宫

鲶鱼公主妙拉抽泣着，越哭越伤心。

它的哭声引来了青蛙丽莎、蔓达与吉莉。

"谁欺负你了？"青蛙三姐妹生气地问，想教训欺负鲶鱼公主的家伙。

妙拉摇摇头，叹气又抽噎："我一不小心闯入水下地宫，惹

怒了地宫里的老水蛇。它说我必须答对它的问题，否则，三天之内，我会被变成一只癞蛤蟆。"

"真是可怕。"吉莉吓得发抖。

"我也吓坏了。"妙拉说，"黑黢黢的水中传来说话声，我却根本不敢抬头看。老水蛇说，它正在楼上午睡，却被我吵醒了。它要我回答地宫的楼梯一共有多少个台阶，如果回答错误，三天之内就把我变成癞蛤蟆……"妙拉说着，又哭了起来。

"你别哭啊，你把事情说清楚，我们好帮你出主意啊。"大家一起劝它。

"可我实在记不清啊。我只知道,我往楼梯上跑了5个台阶,然后就听见老水蛇在斥责我……对了,它说它被吵醒之后往楼下走了6个台阶。我们之间还相隔10个台阶。"妙拉一点一点回忆着,又说,"我当时很害怕,根本不知道地宫的楼梯一共有多少个台阶,自己也没有去数,所以回答不上来……"

　　蔓达凝神想了一会儿,说:"你真是吓傻了呀,台阶的总数,不就等于你们各自走的台阶数,再加上你们中间相隔的台阶吗?"

　　妙拉还没弄清楚,聪明的丽莎已经帮它在地上写出了算式:"你看,你走了5个台阶,老水蛇走了6个台阶,你们中间相差10个台阶。所以台阶的总数就是5+6+10=21(个)台阶呀!"

　　妙拉恍然大悟。

　　鲶鱼公主妙拉带着这个答案,鼓起勇气去找可怕的老水蛇。它回答得一丁点儿也不错,老水蛇的怒气消了。

　　别看老水蛇又丑又凶,不好惹,但是它最佩服有智慧的动物了。

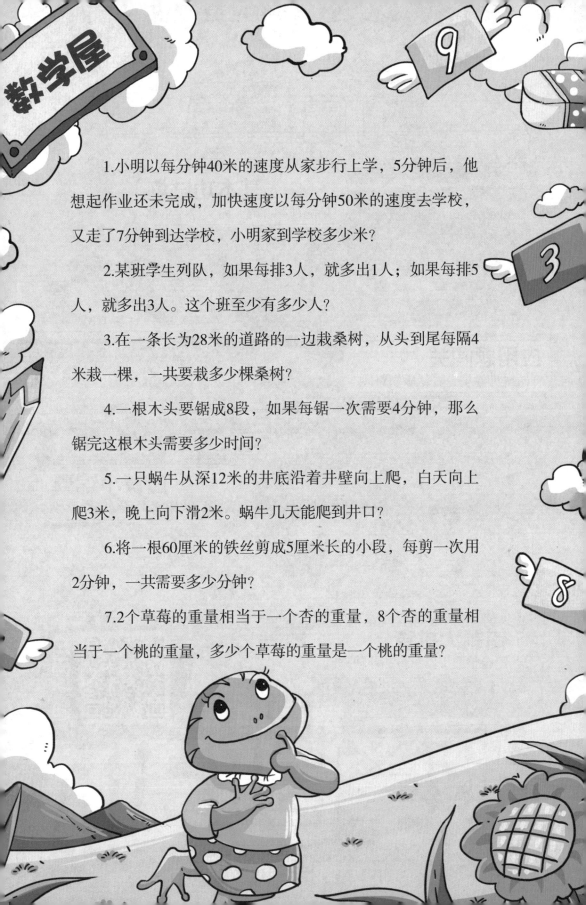

1.小明以每分钟40米的速度从家步行上学，5分钟后，他想起作业还未完成，加快速度以每分钟50米的速度去学校，又走了7分钟到达学校，小明家到学校多少米？

2.某班学生列队，如果每排3人，就多出1人；如果每排5人，就多出3人。这个班至少有多少人？

3.在一条长为28米的道路的一边栽桑树，从头到尾每隔4米栽一棵，一共要栽多少棵桑树？

4.一根木头要锯成8段，如果每锯一次需要4分钟，那么锯完这根木头需要多少时间？

5.一只蜗牛从深12米的井底沿着井壁向上爬，白天向上爬3米，晚上向下滑2米。蜗牛几天能爬到井口？

6.将一根60厘米的铁丝剪成5厘米长的小段，每剪一次用2分钟，一共需要多少分钟？

7.2个草莓的重量相当于一个杏的重量，8个杏的重量相当于一个桃的重量，多少个草莓的重量是一个桃的重量？

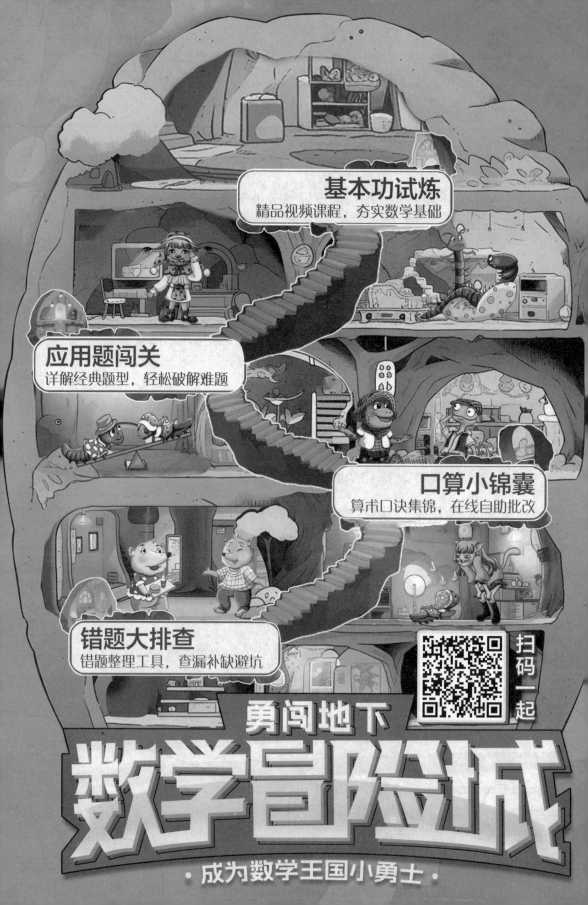